Crash-Kurs für Verkaufsleiter

Helmut S. Durinkowitz

Crash-Kurs für Verkaufsleiter

Vom Start weg auf der Gewinnerseite

4., überarb. u. erg. Aufl. 2013

Springer Gabler

Helmut S. Durinkowitz
Neusiedl am See,
Österreich

ISBN 978-3-8349-4286-9 ISBN 978-3-8349-4287-6 (eBook)
DOI 10.1007/978-3-8349-4287-6

Die Deutsche Nationalbibliothek verzeichnet diese Publikation in der Deutschen Nationalbibliografie; detaillierte bibliografische Daten sind im Internet über http://dnb.d-nb.de abrufbar.

Springer Gabler

Lektorat: Manuela Eckstein

Gedruckt auf säurefreiem und chlorfrei gebleichtem Papier

Springer Gabler ist eine Marke von Springer DE. Springer DE ist Teil der Fachverlagsgruppe Springer Science+Business Media.
www.springer-gabler.de

Vorwort zur 4. Auflage

Markterfahrung, Produktkenntnis, richtiges Führungsverhalten, Planung und Einsatz moderner Technologien – diese umfangreichen Kenntnisse werden von einem Verkaufsleiter erwartet. Da der Verkauf in aller Regel eine Schlüsselstellung in den Unternehmen einnimmt, ist erstklassiges Vertriebsmanagement unerlässlich.

Der mittel- und langfristige Erfolg in einer Verkaufsorganisation beruht auf einem klaren, durchschaubaren und konsequenten Führungsstil und einer wohlüberlegten Planung. Einzelne Aktionen und isolierte Maßnahmen mögen kurzfristige Scheinerfolge hervorbringen, helfen aber mittel- und langfristig nicht weiter.

Als ich als 32-Jähriger beschloss, mich für eine leitende Stellung im Vertrieb zu bewerben, ahnte ich nicht, welchen Schritt dieser Entschluss bedeutete. Die ersten Tage, Wochen und Monate in der neuen Position sind mir heute noch in lebhafter Erinnerung.

Basierend auf den Erfahrungen, die ich aus meiner langjährigen Tätigkeit als Manager, Berater und Trainer gewonnen habe, habe ich dieses Buch für Praktiker geschrieben. Die einzelnen Themenbereiche werden nur so weit beschrieben, wie es für den täglichen Gebrauch notwendig ist. Auf Theorie und umfangreiche Hintergrundinformationen wurde bewusst verzichtet.

Seit Erscheinen der ersten Auflage dieses Buches hatte ich die Gelegenheit, mit neuen Technologien, CRM und Datawarehouse praktische Erfahrungen zu sammeln. Die IT-Technologie unterstützt mit den heutigen Möglichkeiten die täglichen Entscheidungsprozesse im Verkauf. Es kann genauer, kostengünstiger und zielorientierter gearbeitet werden. Diese neuen wichtigen Themen wurden bereits in den vorhergehenden Auflagen berücksichtigt und auch der sinnvolle Umgang mit den neuen technischen Möglichkeiten beschrieben.

Der neue Verkaufsleiter ist Coach und marketingorientierter Manager, der mehr beim Kunden ist, den Markt genau beobachtet und auf Veränderungen schnell und zielorientiert reagiert. Das Verständnis und der Umgang mit den Daten aus CRM und Internet sind eine wichtige Grundlage für den Erfolg im Verkauf. Markt, PC, Internet, CRM und der „KommunikationsKunde“ wollen verstanden werden.

Die hier vorliegende 4. Auflage wurde um das Kapitel „Neukundengewinnung“ erweitert. Hier erfahren Sie, welche Möglichkeiten Sie und Ihre Verkaufsmannschaft nutzen können und wie Sie sich externe Unterstützung sichern sollten.

War über Jahrzehnte hinweg die Sekretärin die rechte Hand des Managements, werden heute größtenteils die Aufgaben von Programmen wie Outlook, Powerpoint, Word und Excel und mit Hilfe des Internets besser, schneller und zuverlässiger organisiert und koordiniert.

Die neuen Kommunikationstechnologien und auch die Anforderungen der Märkte haben die Ansprüche an Kenntnisse und Aufgaben des Verkaufsleiters in den letzten zehn Jahren stark verändert.

Dieses Buch soll Verkaufsleitern, die neu in eine Führungsposition gekommen sind, wie ein Crash-Kurs zu den wichtigsten Arbeiten Anregungen und Hilfestellungen geben. Erfahrenen Verkaufsleitern kann es als nützliches Nachschlagewerk für die verschiedenen Aufgaben dienen.

Ich bedanke mich an dieser Stelle bei meinen ehemaligen Kollegen, Mitarbeitern und Vorgesetzten sowie meinen Kunden für ihr Vertrauen, ihre Geduld und Kritik, die es mir ermöglichten zu lernen.

Neusiedl, im Juli 2012 HELMUT S. DURINKOWITZ

Inhalt

1. Die neuen Anforderungen

Da mittlerweile die meisten Unternehmen und Haushalte für Kaufentscheidungen neue elektronische Medien benutzen, ist der Verkaufsleiter heutzutage besonders gefordert. Immer öfter werden über Internet Informationen abgerufen, die Entscheidungen nachhaltig beeinflussen. Der Einsatz von Computern für Planung, Kommunikation, Automation gehört also längst zum Alltag.

Spezifisches Training, motivierende Führung, akkurate Planung, treffsichere Personalauswahl entscheiden über den Erfolg eines Unternehmens. Sämtliche Planungen hängen von der Verfügbarkeit aktueller Daten ab und machen die Auswirkungen von Entscheidungen sofort sichtbar.

In vielen Unternehmen ist der Einsatz von Datawarehouse, das den Ad-hoc-Zugriff auf die aktuellen Firmendaten ermöglicht, eingeführt. Was der Kunde gerade eben an Waren bezahlt hat, ist mit der Erfassung durch Scanner bereits innerhalb von Sekunden zur Auswertung der Statistiken in der zentralen Datenverarbeitung verfügbar.

Was gestern aktuell war, gilt heute als veraltet. In fünf Jahren werden wir Dinge verkaufen, die heute noch nicht entwickelt sind. In den letzten 100 Jahren wurden die 100 wichtigsten Erfindungen gemacht, die 50 wichtigsten Erfindungen daraus in den letzten 20 Jahren. 60 Prozent aller Firmen, die 1950 am Markt waren, gibt es heute nicht mehr!

Was wird von Ihnen erwartet?

Erwartet werden verkäuferisches Talent, fundierte Ausbildung, unternehmerisches Denken, Persönlichkeitsstärke, Belastbarkeit, Erfahrung, gepflegtes Äußeres und die Bereitschaft, auch weit mehr als 50 Stunden pro Woche in der neuen Position zu arbeiten, teilweise auch auf Urlaub zu verzichten, den Job vor die Familie zu stellen, samstags und auch sonntags zu arbeiten – all dies, um unter Umständen weniger als mancher Verkäufer zu verdienen. Als Verkaufsleiter stehen Sie zwischen dem Verkaufsteam und der Geschäftsleitung und vermitteln Ihrem Team diplomatisch die Firmenziele. Es gilt, auch in Krisensituationen positiv zur Firma zu stehen (selbst wenn man nicht vollständig überzeugt ist) und das Team bei Laune zu halten, aber ebenso einmal „nein" zu sagen. Umgekehrt werden Sie der Geschäftsleitung die Möglichkeiten und Strategien, die im Team entwickelt wurden, vermittelnd vortragen.

Bei diesem Spagat sind Ihr diplomatisches Geschick in beide Richtungen und manchmal enormes Stehvermögen gleichermaßen gefordert. Entsprechen Sie einigen dieser Anforderungen? Haben Sie noch Lust auf die Position des Verkaufsleiters? O.k., dann lesen Sie weiter.

Die Anforderungen an Verkaufsleiter sind enorm. Abgesehen von der Stellung zwischen Verkaufsmannschaft und Geschäftsleitung sind Verantwortungsbereitschaft, Kreativität und Durchsetzungsvermögen absolute Voraussetzungen für diese Position. Sie müssen den Markt kennen, die richtigen Schritte initiieren und durchführen. Sie tragen eine hohe Verantwortung für viele Arbeitsplätze!

Um es vorwegzunehmen, der beste Verkäufer muss nicht der richtige Verkaufsleiter sein. Wer jedoch bewiesen hat, dass er verkaufen kann, hat schon eine wichtige Anforderung erfüllt.

Anforderungen an einen Verkaufsleiter:

- drei bis fünf Jahre Verkaufserfahrung (je nach Vorbildung)
- kaufmännische Ausbildung
- Branchen- und Produktkenntnisse
- diplomatisches Geschick und Kommunikationsfähigkeit
- Offenheit, Flexibilität und Kreativität
- Organisationsbegabung
- Belastbarkeit, gepflegtes Auftreten
- pädagogische Fähigkeiten, Führungsqualitäten
- Sprachen, meistens Englisch
- gute körperliche Kondition

- Reisebereitschaft
- Erfahrung im Umgang mit Zahlen
- Kenntnis im Umgang mit PC, Internet sowie Präsentations-, Text- und Tabellenkalkulationsprogrammen

Die Vorbereitung auf das Bewerbungsgespräch

Für das erste Gespräch sollten Sie alle verfügbaren Informationen der zum Bewerbungsgespräch einladenden Firma verfügbar haben:

- Umsatzgröße
- Anzahl der Mitarbeiter
- Produkte, Märkte
- Marktposition
- Namen der Geschäftsführer
- Inhaber der Firma (und, falls an der Börse gehandelt, der aktuelle Börsenkurs und die Entwicklung des Kurses in den letzten Jahren)
- wenn möglich den Grund, warum der Vorgänger ersetzt wird
- Branchengeflüster

Tipp!

AGs und GmbHs müssen ab einer bestimmten Größe ihre Ergebnisse veröffentlichen. Die Homepages der Unternehmen liefern Ihnen durch Aufmachung, Informationsgehalt, Aktualität und Inhalt ein erstes Bild. Scheuen Sie sich nicht, die Öffentlichkeitsabteilung des zu besuchenden Unternehmens anzurufen und Informationen für die Vorbereitung des Bewerbungsgesprächs anzufordern. Falls die Personalabteilung über Ihren Anruf informiert wird, haben Sie schon die ersten Pluspunkte.

Der erste Termin ist ausschlaggebend. Vermeiden Sie Reisestress, und reisen Sie gegebenenfalls am Vortag an. Schlafen Sie sich aus, und erscheinen Sie fit zum Gespräch. Der erste Eindruck hat eine enorme Bedeutung für die Entscheidung, wenn auch unbewusst.

Die Bekleidung soll der Branche oder dem Unternehmen entsprechen. Es stellt einen Unterschied dar, ob man sich um eine Stelle als Verkaufsleiter für Forstprodukte oder im Banken- und Versicherungsbereich bewirbt. Im einen Fall wird ein geschmackvoller Trachtenanzug einen guten Eindruck hinterlassen, im anderen Fall der dunkle Anzug mit dezenter Krawatte und passenden Schuhen.

Was ist wichtig, wie stellen Sie sich dar? Sie sollten zeigen, dass Sie in der Lage sind, den Vertrieb/Verkauf dieses Unternehmens zum Erfolg zu führen. Sie sollten sich auch schon über das Wie und Was in dem angestrebten Job generell Gedanken gemacht haben. Verzetteln Sie sich nicht in Einzelheiten, und versuchen Sie nicht, ein Gesamtkonzept vorzustellen. Das können Sie erst nach einer genauen Analyse des Aufgabenbereichs.

Zeigen Sie jedoch, dass Sie mit Zahlen umgehen können und eine Übersicht über den Verkaufsbereich haben.

Mit welchen Themen müssen Sie rechnen, und auf welche Fragen sollten Sie Antworten parat haben?

- Schildern Sie die wichtigsten Stationen Ihres Werdegangs.
- Was interessiert Sie an der angebotenen Position?
- Welche Erfahrung bringen Sie für diese Position mit?
- Warum wollen Sie Verkaufsleiter werden?
- Was heißt Führung für Sie?
- Wie führen Sie die Verkäufer?
- Was sind Ihre Stärken und Schwächen?
- Welche Fehler haben Sie bisher als Führungskraft gemacht?
- Was betrachten Sie als wichtig in diesem Job?
- Was befähigt Sie, Verkaufsleiter zu werden?
- Warum interessieren Sie sich für unsere Firma?
- Was möchten Sie verdienen?
- Wo wollen Sie in fünf Jahren stehen (Lebensziele, Lebensplanung)?

- Sind Sie in Vereinen oder Organisationen tätig?

Und Stressfragen (diese Antworten unbedingt vorbereiten!):

- Warum sollten wir gerade Sie einstellen?
- Nennen Sie die wesentlichsten Fehler, die Sie in Ihrer Laufbahn gemacht haben.
- Halten Sie sich für intelligent, belastbar und fähig? Warum sind Sie davon überzeugt?

Welche Fragen an den Gesprächspartner haben Sie vorbereitet?

Hier eine mögliche Auswahl:

- Fragen über das Unternehmen – Größe, Umsatz, Mitarbeiter betreffend.
- Welcher Aufgaben- und Verantwortungsbereich soll übernommen werden?
- Welche Produkte gehören zum Verantwortungsbereich?
- Welches Gebiet umfasst die Aufgabe?
- Wie viele Mitarbeiter gehören zum Verantwortungsbereich?
- Was wird von mir erwartet?
- Was wird besonders erwartet (bringen Sie den Gesprächspartner auch ein wenig zum Nachdenken)?
- Wer ist der unmittelbar nächste Vorgesetzte, seit wann ist er im Unternehmen?
- Warum ist die Stelle vakant?
- Warum verließ der Vorgänger das Unternehmen und wie lange war er in dieser Position?
- Was wird in Zukunft geplant?

Bereiten Sie die wichtigsten Daten des Unternehmens, bei dem Sie sich bewerben, schriftlich vor. Legen Sie dieses vorbereitete Blatt beim Vorstellungsgespräch vor sich (nicht zu demonstrativ!). Notieren Sie die Namen aller beim Gespräch anwesenden Personen. Checken Sie Ihre vorbereiteten Daten mit den Aussagen der Interviewer. Fragen Sie bei Unstimmigkeiten unbedingt nach.

Wichtig: Beantworten Sie jede gestellten Frage *nur* bis an den Punkt, der zur Beantwortung notwendig ist. Falls der Gesprächspartner Genaueres wissen will, kann er ja nachfragen. Bleiben Sie beim Thema, und verzetteln Sie sich nicht. Schreiben Sie sich alle Informationen, die Sie im Gespräch erhalten, auf. Zeigen Sie, dass Sie den Job beherrschen. Und bitte keinen PC im Bewerbungsgespräch verwenden!

Es erstaunt immer wieder, dass Bewerber bei Vorstellungsgesprächen keine Notizen machen. Sie erhalten wichtige, für Ihre Entscheidung relevante Informationen. Wenigstens Block und Stift sollten vor Ihnen liegen, um wichtige Informationen und Vereinbarungen zu notieren und um Interesse zu vermitteln. Niemand kann sich alles merken. Als Verkäufer sollten Sie bereits wissen, wie wichtig es ist, mit dem Stift zu verkaufen (Stichwort: Pencil Selling).

Bei Führungspositionen werden normalerweise mehrere (meistens bis zu drei) Gespräche geführt. Verschiedene Personen im Unternehmen werden Ihnen vorgestellt. Diese werden dann den Eindruck, den Sie hinterlassen haben, mit in die Entscheidung einbringen. Sie müssen also versuchen, sich jedes Mal optimal zu verkaufen.

Kriterien für die Auswahl des richtigen Unternehmens

Es ist nicht einfach, ein Unternehmen zu finden, das zu einem passt. Fragen Sie genau nach der derzeitigen Vertriebsstruktur, der Vertriebsorganisation, den Mitarbeitern im Vertrieb, dem Verantwortungsbereich. Wichtig zur Beurteilung eines Unternehmens sind die Firmenzahlen, wie Umsatz, Umsatzzuwachs, Verkaufserfolge von Produkten und Bereichen.

Es gibt auch Unternehmen, bei denen man besser nicht einsteigen sollte. Mehrfacher Wechsel im Marketing- und Verkaufsmanagement ist ein sicheres Anzeichen für Schwierigkeiten im Vertriebsbereich. Fragen Sie danach. Denn wenn es brennt, haben Sie wenig Zeit, wenig Geld, wenig Bereitschaft der Ihnen unterstellten Mitarbeiter, um den Kurs eines aus dem Ruder gelaufenen Schiffes (nämlich den Vertrieb) zu korrigieren.

Einen neuen Job mit Krisenmanagement zu beginnen ist, als ob man einem Auszubildenden am ersten Tag alle Arbeiten zutraut. An eine solche Aufgabe kann sich nur wagen, wer bereits ausreichend Erfahrung im Vertriebsmanagement hat. Warten Sie auf die richtige Firma, auch wenn der Job noch so verlockend und gut dotiert ist.

Trotz Ihrer festen Absicht, ins Management zu wechseln, sollten Sie so lange suchen, bis Sie eine Firma ohne diese negativen Anzeichen finden. Bedenken Sie aber, dass es bei jeder Firma Probleme gibt. Zur Lösung der anstehenden Probleme werden Sie ja auch letztendlich eingestellt und bezahlt.

Um die genannten Anzeichen zu erkennen, *müssen* Sie nach den Gründen für das Ausscheiden des Vorgängers fragen:

- Wie lange war er in der Firma tätig?
- Was sind die aktuellen Probleme im vertrieblichen Bereich?
- Warum ist dieser Job vakant?
- Wie gehen die Geschäfte des Unternehmens?

Ausreden, dass alles vertraulich ist, sollten Sie dann, wenn konkret über eine Anstellung und den Vertrag gesprochen wird, nicht mehr akzeptieren.

Fragen Sie auch, welche vertriebliche Arbeit im vergangenen Jahr geleistet wurde. Fragen Sie, welche Aktionen, Messen, Mailings und andere im Vertrieb üblichen, die Verkäufer unterstützenden Maßnahmen durchgeführt wurden und mit welchem Erfolg.

Im Stadium der Verhandlung haben sich beide Seiten offen zu informieren. Sie geben alle Ihre persönlichen Daten an dieses Unternehmen, und das Unternehmen informiert Sie umfassend über die Situation der Abteilung, die Sie künftig leiten sollen. Über die Ziele des Unternehmens und die Erwartungen, die man in Sie setzt, werden Sie ebenso informiert. Dazu sind ausführliche Gespräche vor Vertragsabschluss notwendig. Lassen Sie sich Ihr Büro, die Büros Ihrer zukünftigen Mitarbeiter und das ganze Unternehmen zeigen.

Nachdem es für Sie um einen Vertrag mit entsprechender Gehaltshöhe geht und Sie sich für die nächsten Lebensjahre vertraglich verpflichten, ist es empfehlenswert, über das Unternehmen, für das Sie sich entscheiden, von einer Auskunftei genaue Daten zu besorgen. Natürlich vor Vertragsunterzeichnung! Jedes verantwortungsvolle Unternehmen prüft Sie ebenso, ehe ein Vertrag unterschrieben wird.

Ihre Professionalität vor dem Vertragsabschluss zeugt von Ihrer Professionalität insgesamt!

Bedenken Sie: Als guter Verkäufer haben Sie bereits ein hohes Einkommen. Wenn Sie in der Position des Verkaufsleiters scheitern, können Sie schwer zurück in die vorherige Ebene. Dieser entscheidende Schritt will also wohlüberlegt sein.

Zusammenfassung

1. Die Vorbereitung auf das Bewerbungsgespräch zahlt sich aus. Bereiten Sie die Antworten auf mögliche Fragen vor.
2. Wichtig ist die Auswahl des Unternehmens. Prüfen Sie genau die Situation, in die Sie sich begeben. Betreiben Sie als Anfänger kein Krisenmanagement!
3. Die Position des Verkaufsleiters wird erst nach mehreren Terminen bestätigt.
4. Zu Ihren Gehaltsvorstellungen äußern Sie sich erst in den letzten Gesprächen.

2. Der Start im neuen Unternehmen

Am ersten Tag werden Sie den Mitarbeitern und Kollegen vorgestellt. Planen Sie den Einstieg und die ersten Stunden im neuen Unternehmen. Vereinbaren Sie mit Ihrem Vorgesetzten den Tagesablauf: um welche Uhrzeit Sie am ersten Tag ins Unternehmen kommen, wer Sie empfängt und vorstellt, welche Kollegen Ihnen vorgestellt werden.

Bereiten Sie eine kurze Ansprache vor. Ihre Mitarbeiter wollen sicher ein paar Worte von ihrem neuen Chef hören. Jetzt müssen Sie sich ein zweites Mal verkaufen. Halten Sie eine kurze Rede. Erzählen Sie von sich, wer Sie sind, woher Sie kommen, und geben Sie ein paar wenige persönliche Informationen. Drei bis fünf Minuten genügen.

Akklimatisieren Sie sich erst. Treffen Sie keine schnellen Entscheidungen, auch wenn jemand drängt. Legen Sie sich ein Namensverzeichnis an. Ich hatte anfänglich immer Probleme, mir Namen zu merken. Manchmal musste ich in den ersten Wochen täglich die Namen von fünf bis zehn Personen lernen. Deshalb alle Namen aufschreiben! Visitenkarten für Sie sollten auch schon in ausreichender Menge gedruckt und verfügbar sein.

Sie können davon ausgehen, dass Sie sehr genau beobachtet werden und dass alles, was Sie sagen, tun und entscheiden, meinungsbildend wirkt. Deshalb ist es wichtig, genaue Erklärungen zu allen Aktionen, Aussagen und Entscheidungen abzugeben. So verhindern Sie Missverständnisse und Gerüchte.

Konzentrieren Sie sich auf Ihre neuen Aufgaben in Ihrer neuen Funktion. Verschaffen Sie sich einen Überblick, machen Sie sich Ihre Aufgaben im Einzelnen bewusst und nehmen Sie Ihre Führungsaufgabe und Verantwortung wahr. Dies gilt umso mehr, wenn Sie zuvor als Verkäufer erfolgreich tätig waren. Machen Sie sich klar: Ihr Know-how als Verkäufer ist Voraussetzung für Ihren neuen Job, aber von nun an verkaufen nicht Sie, sondern Sie führen ein Team von Verkäufern.

Diese Themen sind für Sie am Beginn wichtig:

- Analyse der Situation im Vertrieb
- Analyse Umsatz/Forecast
- organisatorische Aufgaben
- sachliche Themen
- persönliche Themen
- personelle Aufgaben
- vertriebliche Themen
- Selbstorganisation
- Kommunikation
- Berichtswesen

> *Den ersten Tag in meiner ersten Stelle als Verkaufsleiter werde ich nie vergessen. Der Geschäftsführer und die Manager waren nicht im Haus, sondern auf einer Tagung in Spanien. Man setzte mich in ein Büro, gab mir einen Stapel Prospekte und Broschüren. Diese sollte ich studieren. Ich spazierte dann durch die Firma und stellte mich überall selbst vor. Ein denkbar schlechter Start! Ich hätte besser nach Hause gehen sollen, um wieder zu erscheinen, wenn das Management aus Spanien zurück ist.*

Akzeptanz

Um im Unternehmen akzeptiert zu werden, müssen Sie an drei wichtigen Akzeptanzstufen arbeiten:

1. **Die persönliche Akzeptanz**

   Diese müssen Sie sich durch Ihr Auftreten, durch Charisma, durch Benehmen und durch Ihre Person erarbeiten.

2. **Die fachliche Akzeptanz**

   Diese erhalten Sie durch Ihre fachlichen Aussagen, Erfahrung und Fähigkeiten.

3. **Die positionsbedingte Akzeptanz**

   Diese erhalten Sie durch die Unternehmensleitung. Sie müssen sie jedoch durch Ihre Arbeit, durch Ihre Entscheidungen, durch Ihr Vorbild und durch Ihren Erfolg bestätigen und festigen.

Nur durch intensive Kommunikation mit den Kollegen und Mitarbeitern werden Sie Akzeptanz erreichen.

Nur wer positives Vorbild ist, wird Akzeptanz erreichen.

Versuchen Sie jedoch nicht, es jedem recht zu machen! Das ist unmöglich. Wenn Sie eine Entscheidung treffen, wird immer ein Teil der Mitarbeiter und Kollegen dafür sein und ein anderer Teil dagegen. Diplomatie ist dazu notwendig. Aus diesem Grund müssen wichtige Entscheidungen nicht „verordnet", sondern „verkauft" werden – intern und manchmal auch extern. Suchen Sie sich Verbündete, sonst werden Ihr Image und Ihre Akzeptanz geschädigt.

Zahlen und Informationen

Ein wichtiger Teil der Arbeit eines Verkaufsleiters ist der Umgang mit Zahlen. Sie müssen als Verkaufsleiter alle aktuellen Zahlen kennen und damit arbeiten können. Die IT (Datenbanken) liefert dazu meistens periodisch die jeweiligen Listen. Aus Erfahrung weiß ich, dass diese Listen für Verkaufsleiter nur bedingt brauchbar sind. In den meisten Unternehmen kann sich der Verkaufsleiter die Listen, die für ihn relevant sind, abrufen oder online zusammenstellen. Deswegen sollten Sie Erfahrung mit Daten, PC und Programmen haben.

Besonders wichtig ist der geplante Auftragseingang für die nächsten zwölf Monate, der so genannte Forecast (Auftragseingangsplanung) sowie mittel- und langfristige Auftragsplanungen, aufgeschlüsselt nach Perioden, Produkten (abhängig von Markt und Produkt). Als Verkaufsleiter müssen Sie eine ganze Reihe weiterer vertrieblicher Kennzahlen im Blick behalten (vgl. Seite 40 ff.).

Als Verkaufsleiter übernehmen Sie mit der Erstellung der Zahlen für die Planung der Fertigungskapazitäten eine hohe Verantwortung. Je besser Sie Ihren Bereich beherrschen, umso genauer wird der Forecast sein. Die Umsatzplanung ist abhängig von der Planung der Marketingaktionen und der Dynamik am Markt. Im Kapitel „Forecast“ (Seite 99 ff.) wird dieses Thema näher betrachtet. Deshalb:

Was man nicht plant, das tut man nicht!
Was man nicht plant, wird man nicht erreichen!

Ihre Tätigkeit wird sich in den ersten Monaten auf folgende Themen konzentrieren:

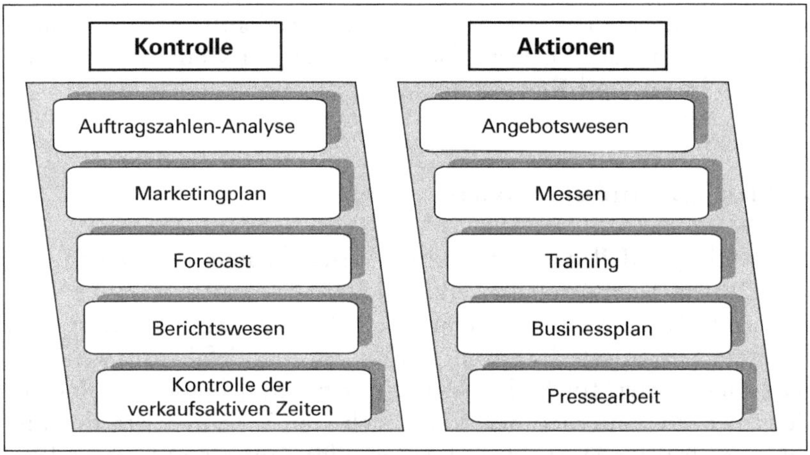

Aufgaben des Verkaufsleiters in den ersten Monaten

Die Zusammenarbeit mit Sekretär(in) oder Assistent(in)

Wichtig für den erfolgreichen Beginn in der neuen Firma ist die Zusammenarbeit mit der Sekretärin. Meistens wird die Sekretärin des Vorgängers für Sie arbeiten. Sie wird ihren alten Chef vermissen. Gerade nach einer jahrelangen Zusammenarbeit mit Ihrem Vorgänger können sich emotionale Probleme ergeben. Und wenn der Vorgänger nicht selbst gegangen ist, wird Trauer eventuell nicht zu vermeiden sein.

Gehen Sie davon aus, dass die Sekretärin eng mit dem Verkaufsleiter zusammengearbeitet hat. Sehen Sie die Trauer als Zeichen der Loyalität. Gespräche und Zeit helfen meistens, diese Probleme zu beseitigen. Sollte die Zusammenarbeit dadurch sehr erschwert und keine Veränderung des Verhaltens zu erwirken sein, treffen Sie Entscheidungen zur Veränderung der Situation erst dann, wenn Sie sich eingearbeitet haben.

Wenn man Ihnen die Möglichkeit bietet, die Stelle der Sekretärin neu zu besetzen, wählen Sie eine erfahrene, schon länger in der Firma tätige Mitarbeiterin als Sekretärin. Sie wird ein wichtiger Partner in der Firma und Ihre Vertraute sein. Sie kennt sich im Unternehmen aus, berät Sie in verschiedenen Dingen und warnt Sie in entscheidenden Augenblicken.

Aber sie soll nicht eine Vorzimmerbarriere werden, die zu stark selektiert und manche wichtigen Anrufer und Besucher nicht zu Ihnen lässt. Es mag manchmal sehr bequem sein, wenig gestört zu werden, aber Sie werden auf Dauer Ihren Job nicht erledigen können, da Sie mit der Zeit von Informationen abgeschnitten werden, weil nur wenige die Hürde „Sekretärin" nehmen.

> *Als junger Verkäufer wollte ich einen Termin bei meinem Vorgesetzten. Die Sekretärin wimmelte mich immer ab, bis ich ihn zufällig im Lift traf und gleich einen Termin vereinbarte. Das Gespräch war sehr wichtig für ihn, und er fragte, warum ich nicht früher gekommen sei. Ich erzählte von den vergeblichen Versuchen, einen Termin zu erhalten. Er sagte, es sei mein Problem, an der Sekretärin vorbeizukommen. Von diesem Tag an hatte keine Sekretärin jemals mehr die Chance, mich abzuwimmeln.*

Räumen Sie am Anfang nicht die Büromöbel um, und beschäftigen Sie sich nicht mit ähnlichen unwichtigen Aktionen. Setzen Sie Prioritäten, und konzentrieren Sie sich auf die folgenden wichtigen Punkte.

Bei Beginn der Zusammenarbeit vereinbaren Sie die folgenden gemeinsamen Arbeiten und Vorgehensweisen:

Tägliche Postbesprechung mit der Sekretärin

Die Sekretärin hat die Post bereits sortiert. Beim Lesen bereiten Sie teilweise schriftliche Antworten vor, delegieren sofort Aufgaben, legen den Tagesplan fest und treffen Entscheidungen – soweit es möglich ist.

Versuchen Sie dabei genau zu selektieren, was Sie selbst erledigen und was Sie delegieren. Jeder Vorgang wird also entweder entschieden, erledigt, beantwortet und delegiert, oder es werden weitere Informationen zum Erledigen des Vorgangs eingeholt.

Vorsicht! Versuchen Sie nicht, alles selbst zu erledigen – haben Sie Mut zum Delegieren. Wenn Sie die Zeit auffrisst, prüfen Sie zuerst, ob Sie auch Arbeit, die Sie nicht selbst erledigen müssen, erledigen und zu wenig delegieren. Manche Manager glauben, das meiste können nur sie allein erledigen. Aber Sie brauchen die Zeit für wichtigere Dinge.

Nochmals Vorsicht! *Verantwortung* können Sie nicht delegieren! Sie müssen die Erledigung der delegierten Aufgaben kontrollieren. Dafür führen Sie das auf Seite 33 erwähnte Buch, in dem Sie einen kurzen Vermerk machen und den Sie abhaken, wenn die delegierte Aufgabe erledigt ist.

Diese tägliche Besprechung ist einer der wichtigsten Tagespunkte. Alle zu erledigenden Punkte werden aufgeführt, also der Tagesplan erstellt – und das selbstverständlich schriftlich in Ihrem Buch. Sie setzen dann Prioritäten und vereinbaren Termine zur Erledigung. Erledigtes wird abgehakt. Alte Eintragungen werden auf Erledigung überprüft und, wenn noch nicht erledigt, neu im Tagesplan aufgeführt (zur Zeiteinteilung siehe auch Seite 91 ff.).

Tagesplanung

Sie und Ihre Sekretärin erstellen dabei den Tagesplan mit den verschiedenen Aufgaben. Sie schreiben die Tagesplanung, und am Ende der Besprechung werden die Aufgaben mit der Sekretärin nochmals durchgesehen und Prioritäten gesetzt.

Termine organisieren

Termine können auch von der Sekretärin vereinbart werden. Dafür werden Zeiträume festgelegt, die von ihr mit Terminen belegt werden können.

Briefe, Texte, Form und Stil

Informieren Sie die Sekretärin nur über besondere Wünsche, wie etwa Stil und Form, die Sie in Schreiben und Memos haben wollen. Bedenken Sie jedoch, dass Ihre Sekretärin eine Ausbildung dafür hat und meistens besser geschult ist.

Sie konzentrieren sich auf Ihre Arbeit,
Ihre Sekretärin organisiert das Sekretariat.

Arbeiten mit E-Mails – Umgang mit der Mail-Flut

Marktuntersuchungen bescheinigen E-Mails den stärksten Zuwachs aller Kundenkommunikationskanäle. Doch viele Unternehmen sind dem Umgang und der Organisation des steigenden E-Mail-Aufkommens nicht gewachsen.

Für Sie als Manager ist der richtige Umgang mit diesem Medium wichtig. Wer sendet wem mit welchem Verteiler ... es entstehen nur unnötige Kosten durch die Verteilerflut.

Mailprogramme sind ein Transportmedium von Informationen und kein Speichermedium. Mit einem Unterordnersystem kann man wichtige Mails nach Aufgaben und Themen archivieren.

Ziel für einen stressfreien Arbeitstag ist ein immer leerer Posteingang. Wie wird das erreicht? Ab mehr als 20 ungelesenen Mails ist niemand mehr in der Lage zu unterscheiden, ob Mails tatsächlich ungelesen sind oder ob sich hinter einer „ungelesenen" Mail noch irgendeine Aktion verbirgt. Ab 40 bis 50 ungelesenen Mails verliert man die Übersicht.

Wie kann man dies vermeiden?

Zunächst ist wichtig, Mails nicht zwischendurch, sondern dann zu bearbeiten, wenn dafür Zeit ist. Planen Sie täglich feste Zeiträume für die Bearbeitung von Mails. Zum Beispiel eine halbe Stunde am Vormittag und eine halbe Stunde am Nachmittag. Ziel sollte sein, am Ende eines Arbeitstages maximal 15 Mails im Posteingang zu haben.

Lassen Sie sich nicht ständig durch E-Mails von Ihrer Arbeit ablenken!

Und die E-Mail-Etikette

E-Mails sollten als Firmen-Standardlayout folgende Elemente enthalten:

1. Höflichkeit

   Nur weil man über E-Mail kommuniziert, heißt es noch lange nicht, dass man die Umgangsformen, die man auch im normalen Briefverkehr oder Gespräch an den Tag legt, ablegen soll. Somit enthalten E-Mails immer eine höfliche Anrede und am Ende den Namen, die Firmenbezeichnung und die Kommunikationsdaten.

2. Alles ausfüllen

   Es gibt drei Hauptbreiche eines E-Mail-Programms beim Erstellen einer Mail: Adressfeld, Betreff und das Textfeld. Diese werden ausgefüllt. Für die beiden Erstgenannten gilt das als Selbstverständlichkeit, aber mit dem Betreff verfahren viele Menschen sehr nachlässig. Der Betreff ist sehr wichtig, und dort sollte knapp und präzise stehen, worum es in der eigentlichen Mail geht.

3. Rechtschreibung und Form

   Die Rechtschreibung und die Form bei Mails sind ein Thema für sich. Aber ein generelles Auslassen jeglicher Satzzeichen und Formatierung in einer E-Mail vermittelt intern und extern kein gutes Bild.

4. Die Sache mit den Anhängen

   Wenn man Anhänge versendet, sollte man beachten: Dokumente nur als PDF-Datei und nicht zu große Dateien. Bei großen Dateien fragen Sie am besten vorher bei dem Empfänger nach oder warnen ihn vor. Es ist gut möglich, dass der Provider oder das Unternehmen die Größe des Dateianhanges beschränkt hat.

Reiseplanung

Reisen werden geplant, schriftlich vorbereitet und dann erst gebucht.

Vereinbaren Sie mit der Sekretärin, dass *immer eine Bestätigung* des Hotels eingeholt wird. Das kann Ihnen unter Umständen eine Menge Ärger ersparen.

> *Damit habe ich sehr gute Erfahrungen gemacht. Es kam mehrmals vor, dass ich mein Zimmer im Hotel erhalten habe, da ich eine Bestätigung des Hotels vorlegen konnte. Kollegen, die diese Vorsicht nicht walten ließen, standen spät abends an der Rezeption und hatten Schwierigkeiten, noch ein Zimmer zu bekommen. Das Hotel hatte die Reservierung falsch gebucht oder sonstwie verloren.*

Telefondienst

Vereinbaren Sie mit den Mitarbeitern und dem Sekretariat, wie sich die Mitarbeiter der Abteilung am Telefon melden und wie Anrufer weitergeleitet werden.

Tipp!

Alle Anrufer und Besucher werden systematisch in einem Buch eingetragen. Bloß keine Zettelwirtschaft! Dafür kann ein gebundenes Heft oder Buch verwendet werden. Es gibt dafür spezielle Formulare, in denen der jeweilige Kontakt aufgeschrieben wird, eine Kopie bleibt zur Kontrolle immer in dem gebundenen Formularbuch.

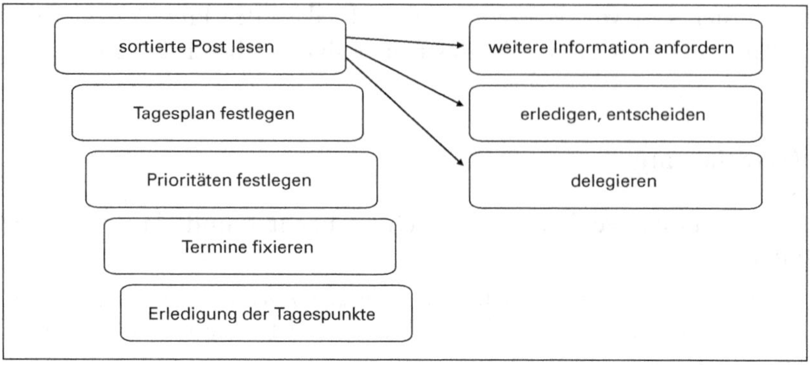

Ablauf der täglichen Besprechung mit der Sekretärin

In einem Unternehmen erlebte ich, dass ein Manager jeden Tag zwar die Post bearbeitete, jedoch keine Entscheidungen traf und alles selbst erledigen wollte. Der Berg an unerledigten Aufgaben wuchs in kurzer Zeit so an, dass die Sekretärin begann, den Berg abzuarbeiten, nachdem die Mitarbeiter dieses Managers starken Druck machten und täglich die Erledigung reklamierten.

Sie glauben das nicht? Es kommt leider öfter vor, als man denkt. Viele hoch bezahlte Manager sind nicht in der Lage, eine Entscheidung zu treffen.

In einem anderen Fall erzählte mir eine Sekretärin, dass der Geschäftsführer für jede Entscheidung den Verkaufsleiter zu sich bat. Der Rekord lag bei 53 Mal an einem Tag!

Besprechungen und interne Kommunikation

Periodische Besprechungen finden statt, um aktuelle Themen und Probleme zu besprechen. Dazu gehören die folgenden in bestimmten Abständen stattfindenden Meetings:

Frühstücksmeeting

Eine sehr gute Möglichkeit zur morgendlichen Postbesprechung und zu intensiver Kommunikation bietet das Frühstücksmeeting. Ein Frühstücksmeeting ist eine Postbesprechung mit allen Mitarbeitern der Abteilung. Dabei gibt es Kaffee, Tee und je nach Lust, was dazu gehört.

Die Vorteile:

- Es wird intensiv miteinander kommuniziert.
- Verschiedene Aufgaben und Tätigkeiten werden unter den Mitarbeitern abgesprochen.
- Die Aufgaben werden sofort zur Erledigung weitergegeben.
- In dieser halben Stunde werden alle notwendigen Entscheidungen getroffen.
- Der Kontakt unter den Mitarbeitern wird intensiviert.
- Durch intensive Kommunikation entstehen weniger Fehler.
- Das Betriebsklima wird gestärkt.
- Die investierte Zeit wird durch weniger Fehler, positive Mitarbeiterbeziehung und gutes Betriebsklima mehrfach ausgeglichen.
- Frühstücksbesprechungen können genutzt werden, um Konflikten im Team vorzubeugen oder bestehende Konflikte zu klären.
- Fast niemand macht Mittagspause nach dem Frühstücksmeeting, da alle noch satt sind.

Wöchentliche oder monatliche Besprechung der Geschäftsleitung

In diesen Besprechungen werden bereichsübergreifende, gemeinsame Themen besprochen und wichtige Punkte erörtert, aktuelle Zahlen aufgezeigt und kommentiert, Entscheidungen getroffen.

Diese Besprechung wird normalerweise vom Geschäftsführer geplant und geführt.

Für diese Besprechungen geben Sie dem Vorgesetzten eine Liste der Besprechungspunkte vorab, damit er sich auf die Themen vorbereiten kann. Somit erhalten Sie schneller Entscheidungen, da eventuell fehlende Informationen vorbereitet werden.

Wöchentliche Besprechungen mit den Bereichsleitern

Die Teilnehmer sind die Ihnen direkt unterstellten leitenden Mitarbeiter im Vertriebsbereich. In diesen Besprechungen werden die Themen der Vertriebsabteilung besprochen.

Es werden Aufgaben delegiert und abgestimmt, Probleme diskutiert, Aktionen kontrolliert, Vorschläge gemacht, Erreichtes besprochen und für den Vertriebsbereich Entscheidungen getroffen.

Ein- bis zweimal jährlich stattfindende Vertriebsversammlungen

Bei diesen Treffen der Verkäufer, des Verkaufsinnendiensts und der Produktmanager werden neue Produkte, Marketingaktionen und Messebeteiligungen vorgestellt, Themen besprochen und Verkäufer geehrt.

> *Als ich noch ein junger Verkäufer war, hatte ich einen Kollegen, der Wetten abschloss, dass der Verkaufsleiter immer in einer Besprechung ist. Um es zu beweisen, rief er den Verkaufsleiter an. Jedes Mal sagte die Sekretärin: „Herr Huber ist in einer Besprechung." Er gewann jede Wette. Schlimm genug, dass die Sekretärin nicht einmal fragte, wer anrief und weswegen.*

Beachten Sie jedoch bei Ihrer Zeitplanung, dass Sie nicht nur noch in Besprechungen sitzen.

Bereiten Sie also jede Besprechung sorgfältig vor. Die Teilnehmer sollen die Themen vorbereiten und dem Gesprächsleiter schriftlich einen Tag vor dem Gespräch zukommen lassen, damit der ungefähre Zeitaufwand geplant werden kann.

Wie die Besprechungen ablaufen, hängt von Ihnen ab. Disziplin ist wichtig. Lassen Sie nicht zu, dass Themen zerredet werden. Selbstdarsteller müssen Sie als Moderator zum Punkt bringen. Nur einer spricht, und nur ein Thema wird diskutiert. Gruppen, die gleichzeitig verschiedene Themen diskutieren, müssen auf das gemeinsame Thema zurückgebracht werden.

Es liegt am Moderator, wie eine effektivere Besprechung abläuft. Wenn eine Besprechung länger als zwei Stunden dauert, machen Sie eine zehnminütige Pause, sonst hört keiner mehr zu. Nicht alle können sich über einen langen Zeitraum konzentrieren. Sie sparen Zeit mit dieser Pause, da danach effektiver gearbeitet wird.

Bei jeder Besprechung wird ein Protokoll erstellt. Normalerweise passt alles auf eine bis zwei DIN-A4-Seiten. Es wird kurz das Thema und wer was bis wann zu tun hat aufgeführt. Bei der nächsten Besprechung ist das alte Protokoll der erste Tagungspunkt. Hier wird kontrolliert, ob alle Punkte erledigt worden sind. Wenn nicht, ist dies wiederum der erste Eintrag im neuen Protokoll mit dem Vermerk, dass dieser Punkt weiter verfolgt wird.

Damit Ihre Besprechungen effektiv verlaufen und nicht zu Zeitkillern werden, hilft Ihnen folgende Checkliste:

Checkliste

Besprechung

- ❒ Zusammensetzung des Personenkreises festlegen – nur die wirklich relevanten Personen einladen.
- ❒ Einladung rechtzeitig verschicken, sodass die Teilnehmer eventuell noch eigene Tagesordungspunkte mit einbringen und sich auf das Meeting vorbereiten können.
- ❒ Auf der Einladung Zeit, Ort und Dauer der Besprechung festlegen. Tagesordnung mitliefern – dabei gilt: die wichtigsten Themen zuerst. Geben Sie eventuell auch an, wer für welchen Punkt verantwortlich ist und welche Vorbereitungen von den Teilnehmern zu treffen sind.
- ❒ Beginnen Sie pünktlich, besprechen Sie mit den Teilnehmern kurz Ziele, Vorgehensweise und Tagesordnung und legen Sie fest, wer das Protokoll führt.
- ❒ Handelt es sich um eine regelmäßig wiederkehrende Besprechung, werden zuerst das Protokoll vom letzten Mal und eventuell offen gebliebene Punkte besprochen und geklärt.

Fortsetzung Checkliste – Besprechung
❐ Achten Sie darauf, dass die vorgegebene Zeit und eventuell vereinbarte Redezeiten eingehalten werden. Jeder sollte zu Wort kommen können. Haben Sie sowohl die Vielredner begrenzend als auch die Ruhigeren animierend im Blick.
❐ Führen Sie die Teilnehmer bei Abschweifungen auf die zentralen Punkte und Fragestellungen zurück.
❐ Sprechen Sie auftauchende Konflikte oder Missverständnisse an und versuchen Sie, sie gleich mit den Teilnehmern zu lösen. Führen Sie eventuell emotional aufgeladene Gespräche auf die Sachebene zurück.
❐ Sie können die Besprechung visualisierend unterstützen, indem Sie auf einem Flipchart oder Ähnlichem die wichtigsten Besprechungsschritte und -ergebnisse festhalten. Verwenden Sie, wenn angemessen, auch Grafiken und Symbole – das erhöht die Aufmerksamkeit der Teilnehmer.
❐ Sorgen Sie dafür, dass Vereinbarungen und Maßnahmen schriftlich (im Protokoll) mit Termin und verantwortlicher Person festgehalten werden.
❐ Beenden Sie die Besprechung pünktlich nach einer abschließenden Kurzerörterung, ob und welche Ziele der Besprechung erreicht wurden.

Situationsanalyse

In den ersten Tagen werden Sie die Situation in Ihrem Verantwortungsbereich analysieren. Sie lernen Ihre Kollegen im Managementteam kennen: den kaufmännischen Leiter, Kundendienstleiter und alle mit Ihnen zusammenarbeitenden Kollegen.

Verschaffen Sie sich zuerst eine Übersicht. Schreiben Sie alles Relevante auf. Erfragen und erfassen Sie die Informationen, hinterfragen Sie das Wie und Warum.

Lassen Sie sich alles genau erklären. Machen Sie über wichtige Erkenntnisse Aktennotizen. Niemand kann alle gelernten Sachverhalte im Kopf behalten. In einigen Monaten wissen Sie nicht mehr, wer Ihnen was erzählt hat. Sie werden sehr viele Informationen erhalten. Diese müssen Sie verwalten. „Management by walking around" ist angesagt. Sprechen Sie mit den Leuten, stellen Sie Fragen, und hören Sie gut zu.

Verwenden Sie ein Buch im DIN-A4-Format, in dem Sie jeden Tag alle Notizen und Gesprächsinhalte notieren und auch morgens den Tagesplan festlegen.

Vereinbaren Sie Termine mit jedem Kollegen, mit jedem Mitarbeiter zur Aufnahme der Ist-Situation. Sie fragen und hören nur zu. Nehmen Sie in dieser Phase nicht Stellung, sondern versuchen Sie, alles neutral aufzunehmen. Jeder Gesprächspartner wird aus seiner momentanen persönlichen Position im Unternehmen seine gefärbte Information vermitteln. Differenzieren Sie das Gehörte in sachliche, in fachliche und in persönliche Informationen. Lassen Sie sich nicht durch Konfliktsituationen, Emotionen und intrigantes Verhalten beeinflussen.

Ihre Entscheidungen werden nur so gut sein, wie Sie informiert sind!

Nehmen Sie sich viel Zeit, um mit Ihren Kollegen im Management und Ihrem unmittelbaren Vorgesetzten zu sprechen. Sie müssen die Ziele der Firma kennen lernen, die Philosophie des Unternehmens, die bestehenden Probleme und die derzeitige Situation. Machen Sie keine großen Versprechungen! Man wird Sie beim Wort nehmen!

Sie sollten gleich zu Beginn Ihrer Tätigkeit mit jedem Mitarbeiter Ihrer Abteilung sprechen und sich von jedem seinen Arbeitsbereich, die einzelnen Aufgaben, seine Situation und seine Position im Unternehmen schildern lassen. Damit erhält man eine gute Übersicht und lernt auch die Einstellung der Mitarbeiter zum Unternehmen und deren Tätigkeit kennen.

Die Summe aller Informationen ist für die schnelle Einarbeitung und die ersten Entscheidungen, die zu treffen sind, besonders wichtig.

Zusammenfassung

1. Bereiten Sie sich gründlich auf Ihren ersten Tag vor.
2. Denken Sie daran: Die Sekretärin ist Ihr wichtigster Partner für einen guten Start im Unternehmen.
3. Persönliche Disziplin wird Ihnen helfen, schnell Akzeptanz zu erreichen.
4. Am Beginn steht die Analyse der Situation und der Zahlen.
5. Systematische Tagesarbeit und Planung helfen, den Bereich zu beherrschen.
6. Intensive Kommunikation mit allen Abteilungen, Managern und Mitarbeitern ist wichtig.
7. Analysieren Sie die Zahlen des Vertriebsbereichs sehr genau. Sie sind ein wichtiges Instrument für die erfolgreiche Bewältigung Ihrer Aufgaben.
8. Und bitte: verlieren (flüchten) Sie sich nicht in die Bearbeitung von Mails.

3. Die Aufgaben eines Verkaufsleiters

Die Aufgabe des Verkaufsleiters besteht darin, die Auftragseingänge in der geplanten Höhe sicherzustellen und den höchstmöglichen Marktanteil mit den gegebenen Mitteln zu erreichen – mit den am jeweiligen Markt notwendigen Aktionen und einer effektiven Verkaufsmannschaft.

Die Themen Marktpotenzial und Gebietsaufteilung werden in diesem Buch nicht behandelt, da die einzelnen Branchen und Märkte zu verschieden sind. Festzuhalten ist jedoch, dass die Marktzahlen die Grundlagen für jede Planung sind.

Kundennähe und Planung

Für die exakte Planung des Auftragseingangs innerhalb einer Periode müssen Sie Projekte, Kunden und die jeweilige Marktsituation sehr gut kennen. Die wichtigsten Kunden besuchen Sie gemeinsam mit dem zuständigen Verkäufer, um die einzelnen Projekte zu besprechen. Dabei werden die den Verkauf unterstützenden Maßnahmen kontrolliert. Darüber hinaus besprechen Sie mit den Verkäufern und Bereichsleitern die jeweilige Angebotssituation im Detail, außerdem erörtern Sie Planung und Forecasterstellung.

Nur wenn Sie die wichtigen Kunden besuchen, werden Sie die notwendigen Informationen für Planungen und Entscheidungen erhalten. Verkaufsleiter verbringen meistens zu wenig Zeit beim Kunden. Um kein Missverständnis aufkommen zu lassen: Sie sollen nicht verkaufen, dafür haben Sie Verkäufer.

Ihre Aufgabe ist es vielmehr, den Verkäufer beim Kunden zu unterstützen und die Situation vor Ort kennen zu lernen, damit Sie sich nicht nur auf Berichte verlassen müssen. Außerdem können Sie nur so direkt auf die Verkäufer einwirken und Vorbild sein.

Den Auftragseingang genau planen

Für die Fertigung und den Einkauf ist eine zuverlässige Auftragsplanung besonders wichtig, damit die fristgerechte Lieferung der verkauften Ware sichergestellt wird. Dies ist der entscheidende Faktor für Ihren Erfolg, denn nur so werden Sie ohne Lieferschwierigkeiten am Markt bestehen.

Die Qualität des Verkaufsleiters besteht auch darin, die prognostizierten Aufträge zu verwirklichen, einen höheren Auftragsbestand gegenüber vorherigen Perioden zu erreichen, die Situation am Markt genau zu überblicken und der Geschäftsleitung diese Informationen weiterzugeben, um die Unternehmensentscheidungen dadurch mit zu gestalten.

Die oberste Managementdevise ist dabei: **Bitte keine Überraschungen!**

Verkaufsaktive Zeiten beurteilen

Wie viel der täglichen Arbeitszeit nutzen die Verkäufer für ihre Verkaufsgespräche? Eine Analyse der verkaufsaktiven Zeit gibt Ihnen einen Überblick über die Effizienz Ihres Vertriebs. Wahrscheinlich werden Sie feststellen, dass nur ein kleiner Zeitraum für Verkaufsgespräche übrig bleibt. Bei den hohen Kosten eines Außenmitarbeiters ist diese Betrachtung besonders wichtig.

Erwarten Sie nicht, dass die Verkäufer an der Situation etwas ändern können. Hier sind der Verkaufsleiter und das Management gefordert, die Situation zu bereinigen. Analysieren Sie folgendes Zeit-Budget Ihrer Vertriebsmitarbeiter:

Beispiel:

Auswertung von 100 Unternehmen	
Tätigkeiten	***Anteil an der Arbeit***
Verkaufsgespräche	10 %
Akquisezeiten / Terminieren	5 %
Reise- und Fahrzeiten	30 %
Wartezeiten	5 %
Angebotserstellung	20 %
Allgemeine Verwaltung / Besprechungen	8 %
Auftragsabwicklung	10 %
Reklamationsbearbeitung	5 %
Reisekostenabrechnung erstellen	2 %
Fälligen Forderungen nachgehen	5 %

So sollte die Analyse Ihrer Vertriebsorganisation *nicht* aussehen. Ihre Aufgabe ist es, die verkaufsaktiven Zeiten zu erhöhen.

Die möglichen Ansatzpunkte zur Veränderung sind abhängig von der jeweiligen Vertriebs- und Kundenstruktur. Folgende Schritte können Sie unternehmen:

- Aufgaben verlagern an den Innendienst
- Gebiete bereinigen, um Fahrzeiten zu verkürzen
- Akquisetätigkeiten und Terminvereinbarung über Telefonmarketing abwickeln
- Angebotserstellung vereinfachen und automatisieren
- Auftragsabwicklungsorganisation überdenken
- Verkäufern organisatorische Aufgaben abnehmen

Die Verkäufer sollen sich die überwiegende Zeit dem Verkaufen widmen. Die Schwachstellen der Verkaufsorganisation müssen erkannt und beseitigt werden, um die verkaufsaktiven Zeiten des Außendiensts auf Dauer zu optimieren.

Der Verkäufer ist ein teurer Spezialist, der sich nicht mit vertriebsfremden Aufgaben beschäftigen sollte. Seine Aufgabe ist es, Aufträge zu bringen und Verträge mit Kunden vorzubereiten und abzuschließen.

Auftragszahlen-Analyse

Im Folgenden erhalten Sie einen Überblick über die Kennzahlen, die Sie immer kontrollieren sollten. Werden die Auftragszahlen in einem Gebiet nicht erreicht, sind als erstes diese Zahlen zu kontrollieren. Kenntnis und Kontrolle dieser Zahlen werden Ihnen Sicherheit in Ihren Aufgaben geben.

1. Verhältnis Alt-/Neukunden

Eine der wichtigen Analysen ist der Vergleich des Verhältnisses der Aufträge von Alt- und Neukunden. Je nach Produkt und Markt ist das Ergebnis sehr verschieden. Unternehmen ruhen sich oft jahrelang auf dem bestehenden Kundenstamm aus. Der Tod vieler Unternehmen beruht auf der Ignoranz dieser Tatsache. Durch geeignete Aktionen müssen permanent neue Kunden gesucht und gewonnen werden.

Das Verhältnis Alt-/Neukunden muss periodisch überprüft werden, und für neue und verfügbare Produkte müssen auch neue Märkte und neue Zielgruppen erschlossen werden. Es ist die einfachste Sache der Welt, an langjährige Kunden zu verkaufen. Nur der Verkäufer, der auch neue Kunden bringt, beherrscht sein Fach.

Neukundenakquise und die Erweiterung des Kundenpotenzials erfordern gute, abschlusssichere (gut trainierte) Verkäufer, die genau wissen, wie sie gegen die Mitbewerber bestehen können, die Einwände aufnehmen und in Verkaufsargumente umwandeln, also sehr gut vorbereitet sind. Nur gut ausgebildete Verkäufer werden im Neukundengeschäft erfolgreich sein.

Die Anstrengung, einen neuen Kunden zu gewinnen, ist um ein Vielfaches höher als die Pflege von Bestandskunden und der Abschluss eines Folgeauftrags. Achten Sie deshalb beim Provisionssystem auf die Gewichtung der Verprovisionierung für Neukunden.

Das Ziel, neue Kunden zu gewinnen, kann ein Verkäufer nicht immer alleine erreichen. Die Marketingaktivitäten des Unternehmens müssen diese Ziele unterstützen. Spezielle Maßnahmen, um diese neuen Interessenten zu erreichen und zu Kunden zu machen, müssen ergriffen werden. Ihre Aufgabe ist es, diese Aktionen mit zu initiieren. Sie müssen wissen, wie viele Neukunden erreicht werden sollen (Zielsetzung) und wie Ihre Verkäufer unterstützt werden müssen, um Neukunden zu gewinnen.

Das richtige Verhältnis von Alt-/Neukunden zu erreichen, ist die Aufgabe des Verkaufsleiters. Genauso die Bestimmung von Zielmärkten und die notwendigen Maßnahmen, um Neukunden zu erreichen. In Zusammenarbeit mit der Marketingabteilung werden hierfür Pläne erarbeitet. Falls Ihr Unternehmen keine Marketingabteilung hat, liegt die Verantwortung bei Ihnen.

In der Computerbranche gab es mehrere große Unternehmen, die mit 95 Prozent Altkunden und weniger als fünf Prozent Neukunden pro Jahr in den Ruin schlitterten.

Wenn man davon ausgeht, dass mehr als 50 Prozent des Umsatzes aus Serviceleistungen gekommen sind, kann man sich ausrechnen, dass diese Unternehmen bei der heutigen wartungsfreundlichen Technologie nicht länger am Markt bestehen konnten. Die Historie hat es bereits bewiesen, die Unternehmen sind nicht mehr am Markt.

2. Verhältnis Mitarbeiter/Termine

Für jeden Markt gibt es eine bestimmte Kontaktzahl, das heißt die Anzahl der Besuche pro Periode. Es ist Ihre Aufgabe, die Anzahl der Besuche zu kontrollieren.

Zu wenig Termine muss nicht heißen, dass der Verkäufer zu wenig arbeitet, sondern kann auch bedeuten, dass der Verkäufer zu sehr mit anderen Tätigkeiten beschäftigt ist. Diese Zahl hilft, Auskunft zu geben über

- das Verhältnis von Verkäufer zur Anzahl der Besuche,
- das Verhältnis von Anzahl der Besuche zu Auftragseingängen,
- Besuchsfrequenz der Verkäufer im Vergleich.

Aus diesen Zahlen erkennen Sie Schwachstellen, zum Beispiel „viele Termine, aber zu wenig Abschlüsse".

In einem Unternehmen stellte ich fest, dass zwei Verkäufer durchschnittlich je zwei Besuche pro Woche machten. Die genaue Befragung ergab, dass diese Verkäufer einige wenige große Kunden hatten. Die Mietverträge für Computergeräte wurden dem Kunden auf telefonische Anforderung zugesandt. Der Kunde füllte die Verträge selbst aus und schickte die unterschriebenen Verträge zurück.

Da die Position des Verkaufsleiters im Unternehmen längere Zeit nicht besetzt war, sondern vom Marketingleiter zwar übernommen, aber nicht wirklich wahrgenommen wurde, hatte sich innerhalb von zwei Jahren der Vertrieb selbstständig gemacht. Gespräche mit den Verkäufern waren erfolglos. Sie wollten nicht einsehen, warum man mehr Termine machen sollte: „Man hat mit den wenigen Kunden auch das Auftragseingangsziel erreicht", so wurde argumentiert. Neukunden wurden in den letzten zwei Jahren nicht akquiriert.

Am Freitagnachmittag wurde nach dem Mittagessen mit Kollegen gekegelt. Mittagspausen dauerten zwei Stunden, Arbeitsbeginn und -ende waren sehr flexibel. Die effektive wöchentliche Arbeitszeit lag bei etwa 30 Stunden. In der Arbeitszeit wurde dann intensiv mit der Serviceabteilung und Verwaltung „kommuniziert". Um es kurz zu machen, die Verkäufer wurden – da uneinsichtig – gekündigt. Nach zwei Jahren bequemen Lebens waren die Mitarbeiter nicht bereit, sich wieder einem normalen Vertriebsalltag zu stellen.

Man stellte einen Mitarbeiter für die Betreuung der Key-Accounts ein. Bei der Vorstellung des neuen Mitarbeiters stellte sich dann zusätzlich heraus, dass sich die Kunden wegen der schlechten Betreuung beschwerten. Die neuen Verkäufer waren in denselben Gebieten bereits nach kurzer Zeit sehr erfolgreich.

Innerhalb eines Jahres wurde für dieses Gebiet der Auftragseingang verdoppelt. Die Kunden waren mit der neuen Betreuung sehr zufrieden, und die Kundenbeziehung wurde gefestigt.

3. Verhältnis Termine/Aufträge

Dieses Verhältnis lässt sich zur Beurteilung der Qualität der Verkäufer heranziehen. Was nützen viele Termine, wenn keine Aufträge abgeschlossen werden? Diese Zahlen zeigen ganz deutlich Trainingsbedarf auf. Dieser kann im Bereich Bedarfsanalyse, Nutzenargumentation, Einwandbehandlung, Preisverhandlung oder Abschlusstechniken bestehen. Ein weiterer Indikator für die Qualität der Verkäufer ist das im folgenden Abschnitt aufgezeigte Verhältnis.

4. Verhältnis Angebote/Aufträge

Dieses Verhältnis zeigt, wie viele Angebote abgegeben wurden und wie viele Aufträge daraus hervorgingen. Hier zeigt sich die Abschlussqualität der Verkäufer. In den wichtigsten Phasen des Verkaufs, der Argumentation, der Preisverhandlung und dem Abschluss, versagen viele Verkäufer.

Es muss aber nicht nur am Verkäufer liegen. Bei schlechtem Verhältnis oder zu wenigen Angeboten pro Verkäufer kann die Ursache auch das Produkt oder der Preis sein. Also wiederum: Die Gründe herausfinden!

Andere Zahlen können das Verhältnis **Aufträge / Auftragswert** und **Anzahl der Besuchstermine bis zum Auftrag** aufzeigen und wertvolle Informationen geben.

5. Verhältnis Aufträge/Preistreue

Die Analyse der erzielten Preise zeigt, ob die Verkäufer mit Rabatten verkaufen oder im Preisgespräch den geplanten und kalkulierten Preis durchsetzen können. Nichts ist teurer für ein Unternehmen als Preisnachlässe. Sollten Sie erkennen, dass mit zu vielen Nachlässen verkauft wird, ist entweder das Produkt falsch im Preis positioniert oder die Verkäufer scheitern beim Abschluss im Preisgespräch. In fast jedem Fall ist Trainingsbedarf vorhanden.

Qualitätssicherung im Verkauf

In einigen Unternehmen, hauptsächlich in der Investitionsgüterindustrie, wird der Verkaufsprozess in einem Qualitätssicherungsprogramm geprüft.

Die wichtigsten Schritte dabei sind:

- alle Kundendaten verfügbar machen
- interne Ressourcen bestimmen
- Angebotsdaten und Kundenanforderungen verfügbar halten
- Kundenanforderung genau spezifizieren
- Geschäftsanalyse erstellen
- Lösungen erarbeiten
- erzielbare Erträge und Risiken permanent kontrollieren
- Vorkalkulation erstellen (die Daten geben die Grundlage für die Nachkalkulation)

Diese Vorgehensweise wird einem permanenten Prüfungsprozess unterzogen. Damit wird sichergestellt, dass die Angebote richtig, nämlich den Kundenanforderungen entsprechend, erstellt und mit ausreichendem Deckungsbeitrag berechnet werden. Das Angebot beinhaltet bereits Plandaten und ist die Grundlage für eine Nachkalkulation. Je nach Branche sind die Anforderungen sehr spezifisch.

Es erstaunt immer wieder, dass viele (auch große) Unternehmen auf eine Nachkalkulation bei Projekten verzichten. Der erwünschte Rohertrag, der sich aus den Geschäftsdaten errechnen lässt, scheint den Verantwortlichen als Entscheidungsgrundlage zu genügen.

Projektabläufe können jedoch nur dann kontrolliert und optimiert werden, wenn die Kosten aufgeschlüsselt erfasst werden und der Ertrag bei jedem einzelnen Projekt errechnet wird.

Der Verkäufer erhält mit der genauen Kenntnis der Zahlen eine Grundlage für neue Kalkulationen, die es ihm ermöglichen, ein genaues Angebot zu errechnen und diesen Preis beim Kunden überzeugend zu argumentieren. Preisgespräche werden durch diese Informationen sicherer und erfolgreicher. Zu niedrige Preise bedeuten Verlust von Gewinn für das Unternehmen.

Vorsicht! Verlieren Sie sich nicht in Zahlen, nur um irgendetwas zu beweisen oder für sich ein Gefühl von Sicherheit zu erlangen.

Natürlich gibt es noch mehr Vergleichszahlen. Diese genannten Zahlen helfen, Ihren Bereich zu organisieren und zu führen. Der Aufwand darf jedoch nicht so hoch sein, dass Sie nur noch den Zahlen nachjagen.

Organisieren Sie die Meldung der Zahlen mit dem monatlichen Forecast. Beauftragen Sie jemanden, diese Zahlen aufzubereiten. Der Zeitaufwand für die Zusammenstellung der Zahlen muss gering bleiben. Die Verkaufsabteilung soll verkaufen und nicht durch das Erstellen von Kontrollreports vom wichtigsten Ziel abgehalten werden: vom Verkaufen! Es ist Ihre Aufgabe, die Auswahl und den richtigen Aufwand der zu erstellenden und der zu meldenden Zahlen zu treffen und zu kontrollieren.

Checkliste

Daten und Kennzahlen im Überblick

Auftragszahlen:

Verhältnis Alt-/Neukunden	______
Verhältnis Mitarbeiter/Termine (Kontaktzahl)	______
Verhältnis Termine/Aufträge	______
Verhältnis Angebote/Aufträge	______
Verhältnis Aufträge/Auftragswert	______
Anzahl Besuchstermine bis zum Auftrag	______
Verhältnis Aufträge/Preistreue	______
Auftragseingang pro Verkäufer	______

Umsatzzahlen:

Gesamtumsatz und Auftragsbestand des Verantwortungsbereichs	______
Umsatz bezogen auf	
• Produkt/-gruppen	______
• Kunden/-gruppen	______
• Verkäufer/Verkaufsteam	______

Fortsetzung Checkliste – Daten und Kennzahlen im Überblick

- Absatz-/Vertriebskanäle ______
- Regionen/Geschäftsstellen ______
- Quartale/Jahre oder ähnliche Zeitperioden ______

Kundenzahlen:

Kunden gesamt ______

Stammkunden (evtl. nach A-, B-, C-Kunden) ______

Neukunden ______

verlorene Kunden ______

wiedergewonnene Kunden ______

Anfragen ______

Beschwerden ______

Weitere Zahlen (Auswahl):

Besuchsfrequenz pro Verkäufer ______

Neukundenbesuche pro Verkäufer ______

Deckungsbeitragsrechnungen ______

(z.B. pro Kunde, pro Produktgruppe) ______

durchschnittliche Auftragsgröße ______

Kosten pro Verkäufer ______

Reisekosten pro Kundenbesuch ______

Kostenübersicht nach Kostenstellen ______

Reaktionszeiten (z.B. Angebot zu Anfrage) ______

Kundenwert ______

Kundenzufriedenheit/Kundenbindung ______

Berichtswesen an die Geschäftsleitung

Die Geschäftsleitung erwartet mindestens einmal im Monat einen Bericht der Verkaufsabteilung. Dieser Bericht dokumentiert die Leistungen, den Erfolg, die zukünftige Planung, besondere Projekte und aktuelle Themen der Verkaufsabteilung.

In der folgenden Checkliste erhalten Sie Anhaltspunkte dafür, was der Bericht enthalten kann.

Checkliste

Bericht der Verkaufsabteilung

- ❐ Auftragseingangszahlen nach Bereichen und Produkten aufgeteilt
- ❐ Neue Projekte und Kunden
- ❐ Verlorene Projekte, Kunden, Aufträge
- ❐ Projektliste
- ❐ Monatlicher Forecast
- ❐ Vergleich Soll/Ist-Zahlen
- ❐ Personal (nur wenn das Thema aktuell ist)
- ❐ Probleme und Lösungsvorschläge
- ❐ Besondere Erfolge durch Aktionen
- ❐ Geplante Aktionen für die nächste Periode
- ❐ Aktuelle Kosten im Vergleich zum Budget – mit Kommentar bei Abweichungen

Auftrags- und Umsatzzahlen erhalten Sie meistens von der EDV. Die Forecast-Zahlen werden von den Verkäufern oder den mit der Erstellung des Forecasts Beauftragten an die Bereichsleiter gemeldet. Die konsolidierten und detaillierten Zahlen gehen anschließend an den Verkaufsleiter.

Dieser Bericht ist nicht nur für die Geschäftsleitung wichtig, er ist auch zur Dokumentation Ihrer Planung notwendig. Planung soll immer auch schriftlich erfolgen und Mitarbeitern, Kollegen und Vorgesetzten in Auszügen oder komplett mitgeteilt werden.

Angebotserstellung

Wie ist die Angebotserstellung in Ihrem Verantwortungsbereich organisiert? Die wenigsten Verkäufer haben gelernt, Briefe und Angebote abzufassen. Sie übernehmen alte Schreiben und Angebote, versehen mit mancher neuen Idee. Wer im Geschäftsleben steht, ist auf schriftliche Mitteilung angewiesen. Wo lernen jedoch unsere Ingenieure, Verkäufer oder Techniker, Geschäftsbriefe zu verfassen?

Die ersten Geschäftsbriefe werden in der Regel mit jenen Floskeln gefüllt, die man sich aus der Ablage „erfahrener" (untrainierter) Kollegen holt. Mit anderen Worten: Es wird häufig der gleiche schlechte Stil verwendet.

Nur wenige Unternehmen achten auf den Stil der Schreiben und trainieren einen einigermaßen einheitlichen, modernen, freundlichen Schreibstil. Briefe hinterlassen einen guten oder schlechten Eindruck beim Empfänger. Die schriftliche Kommunikation ist genauso wichtig wie die mündliche.

Einige wenige Unternehmen haben die Wichtigkeit des geschriebenen Textes erkannt und bereits einen Angebotsmanager eingestellt. Besonders wenn ein Angebot für mehrere Hunderttausende oder Millionen erstellt wird, sollte es professionell aufgebaut sein. Der Spezialist schreibt es schneller, besser und ist geschult, die verkaufenden Texte einzusetzen. Er hat gelernt, mit Texten, Typen, Grafiken und Formen umzugehen. Der Verkäufer kann sich dann auf seine Aufgaben konzentrieren und sitzt nicht tagelang vor dem Computer, um Angebote zu erstellen, die in der Regel nicht den besonderen Anforderungen des Marktes entsprechen und sich nicht vom Mitbewerber abheben.

Dem Schriftverkehr fallen vier Aufgaben zu:

- Er ersetzt oder ergänzt die mündliche Vereinbarung.
- Er hält das Ergebnis mündlicher Vereinbarungen fest.
- Er bietet ein Geschäft an und dient als rechtliche Grundlage für das abzuschließende Geschäft.
- Er wirbt für den Schreiber.

Damit der Geschäftsbrief nicht nur klar das ausdrückt, was der Verfasser meint, sondern eine positive Reaktion beim Empfänger bewirkt, bedarf es einer besonderen Fähigkeit: Der Schreiber muss im Stande sein, sich in die Lage des Empfängers zu versetzen.

Abgedroschene Redensarten und Schlagwörter verraten schnell den unreifen und ungeübten Schreiber, den oberflächlichen Denker. Wer gute Briefe schreiben will, muss auch seine Sprache pflegen.

Erfahrene Texter betrachten ihre Briefe als Komposition – gleich einem Musiker, der eine Sonate zu Papier bringt. Die Fähigkeit, Briefe als harmonische Einheit zu planen und zu entwerfen, kann ständig verbessert werden. Briefe können beim Empfänger genau das Wohlbefinden erreichen, das ein gutes Musikstück beim Hörer auslöst.

Ein Angebot kann aus den folgenden acht Punkten bestehen:

1. Anschreiben Grundlagen (Voraussetzungen)
2. Projektbeschreibung
3. Detailliertes Angebot
4. Preiszusammenstellung (Managementinformation)
5. Referenzliste
6. Wartungsvertrag/Dienstleistungen
7. Verkaufsvereinbarung (Verkaufsbedingungen)
8. Allgemeine Geschäftsbedingungen

In modernen Textverarbeitungssystemen sind Text und Form bereits als Bausteine vorbereitet und können je nach Bedarf vom Anwender, in unserem Fall dem Verkäufer, abgerufen werden. Die Preise werden dabei automatisch errechnet. Manche Organisationen stellen alle relevanten Informationen über Produkte, Verfügbarkeit, Lieferzeit über ein EDV-System zur Verfügung. Mit einem guten Angebotssystem erhöhen Sie die Qualität der Angebote, senken den Zeitaufwand für die Erstellung, und der Kunde bzw. Interessent hat das Angebot schneller vorliegen. Der Vertrieb wird dadurch entlastet und kann sich auf das Wesentliche, nämlich das Verkaufen, konzentrieren.

Ausbildung der Mitarbeiter

Immer mehr Unternehmen erkennen, dass Weiterbildung nicht einfach nach dem „Gießkannenprinzip" als Motivationshäppchen auf die Mitarbeiter verteilt werden darf. Vielmehr muss Training als Instrument der Unternehmenssteuerung gezielt geplant und eingesetzt werden: Weiterbildungsbedarf muss umfassend erhoben werden.

Der Trainingsbedarf ist systematisch zu planen und in bestehende Unternehmenskonzepte zu integrieren. Die Analyse des Trainingsbedarfs der Mitarbeiter ist ein komplexer und aufwändiger Prozess, der den Führungskräften Zeit, Auseinandersetzung und Zielklarheit abfordert. Es besteht die Gefahr, dass Training – unpräzise angesetzt – wenig Ergebnisse produziert.

Die rasche Entwicklung der Kommunikations- und Informationstechnologie revolutioniert das Verkaufen. Die Folge: Der Verkäufer der Zukunft muss sich viel schneller wechselnden Situationen anpassen und sie meistern können als sein Kollege in den 80er Jahren. Er muss dazulernen: Flexibilität, Eigen- und Fremdmotivation, Selbstmanagement, Führungs-Know-how, Teamfähigkeit, sicherer Umgang mit neuen Verkaufsmedien und Technologien – das sind die neuen Schlüsselbegriffe in der Weiterbildung von Verkäufern.

Was macht einen Sportler zum Spitzensportler? Das Training. Genau so verhält es sich in vielen Bereichen unseres täglichen (Berufs-)Lebens. Erlernte Handgriffe, geübte Verhaltensweisen, trainierte Reaktionen geben Sicherheit und fördern Kommunikation, Produktivität und Leistung. In einem veränderten Europa stehen heute alle Unternehmen vor neuen Herausforderungen. Die Schritte zum Erfolg kann man lernen.

Die Verkaufstechniken wurden in den vergangenen Jahrzehnten immer weiter entwickelt, und neue Verkaufsphilosophien wurden propagiert. Der heutige Verkäufer muss sich aus der Masse hervorheben und mehr tun als die Mitbewerber.

Aber: Eine solide Grundausbildung steht an erster Stelle. Erst nach Grundschulung und Praxis kann die weitere Spezialschulung mit modernen Philosophien erfolgen. Die Praxis zeigt jedoch, dass viele Verkäufer die Grundlagen nur teilweise beherrschen.

Die Ausbildung der Mitarbeiter im Vertrieb teilt sich prinzipiell in zwei Kategorien:

- fachliche und produktspezifische Kenntnisse
- verkäuferische Kenntnisse

1. Die fachlichen und produktspezifischen Kenntnisse

Jeder Verkäufer braucht eine produktspezifische Ausbildung. Er muss nicht nur im Kundengespräch über sein Produkt Bescheid wissen, sondern auch die Vor- und Nachteile kennen, sicher in der fachlichen Argumentation im Kundengespräch sein und Einwände zum Abschluss des Vertrags nutzen können.

Es gibt noch immer Unternehmen, die dem Verkäufer Produktinformationen auf den Schreibtisch legen und erwarten, dass der Verkäufer sich alles selbst beibringt und beim Kunden erfolgreich verkauft. Ein sehr teurer Weg! Negative Überraschungen sind dann nicht ausgeschlossen.

Jeder Verkäufer braucht eine Produktschulung und Argumentationshilfen, um am Markt gegen Mitbewerber bestehen zu können. Hier werden die Vorteile und der Nutzen des Produkts geschult und die vom Produktmarketing ausgearbeiteten Argumente dem Verkäufer als Werkzeug mitgegeben.

Dabei können die Identifikation mit dem Unternehmen und die Begeisterung für das Produkt verstärkt werden, und es ist die beste Gelegenheit, motivierend auf die Verkäufer einzuwirken.

2. Die verkäuferischen Kenntnisse

In einem Verkaufsseminar bauen Verkäufer ihre Fertigkeiten weiter aus, und angehende Verkäufer lernen den Gebrauch der wichtigsten Werkzeuge. In Rollenspielen werden die verschiedenen Situationen geübt und in Workshops die Bedeutung des Planens aufgezeigt. Der Verkäufer wird mit den in jeder Verkaufsorganisation notwendigen Tätigkeiten vertraut gemacht. Nach dem Training ist der Verkäufer in der Lage, selbstbewusst und mit Erfolg zu verkaufen.

Genau wie jeder Sportler muss der Verkäufer permanent trainieren. Wer nicht im Training ist, reißt irgendwann die Latte. Die besten Vertriebsorganisationen trainieren und motivieren die Verkäufer wöchentlich mindestens einen halben bis zu einem Tag! Dabei werden sowohl die neuesten Erfolge aufgezeigt, Verkäufer für besondere Leistungen belohnt, die Verkaufsmannschaft durch positive Vorbilder begeistert und mit dem Erlebnis des gemeinsamen Erfolgs motiviert. Es werden viel mehr Termine durchgeführt, effektivere Kundengespräche geführt, da der Funke der Begeisterung auch auf den Kunden überspringt. Ein Verkäufer, der nicht von seinem Produkt überzeugt ist, verkauft nicht!

Ein Trainingstag entspricht etwa einem halben Prozent der jährlichen Verkaufszeit (bei 200 Arbeitstagen), doch der Erfolg von Trainings macht den Zeit- und Kosteneinsatz schnell wett.

Nur wenige Unternehmen nutzen die Institution Training, um sich die Arbeit im Vertriebsbereich zu erleichtern und den Erfolg zu verbessern. Dazu gehört ein für jedes Unternehmen genau auf den Bedarf zugeschnittenes mittelfristiges Trainingskonzept von mindestens drei Jahren. Als Anlage zum Businessplan wird ein Trainingsplan mit den damit verbundenen Kosten für das Geschäftsjahr erstellt.

Die Trainings, die ich in den letzten Jahren bei vielen, auch bei großen Firmen gesehen habe, besitzen oft nur Alibifunktion und werden teilweise als lästiger Kostenfaktor gebucht.

Training gilt als Nebensache: Wenn die Auftragsbücher eines Unternehmens voll sind, wird nicht trainiert, denn die Teams „verkaufen" ja gut. Geht es einem Unternehmen schlecht, werden Trainingsmaßnahmen gestrichen – aus Kostengründen.

Es gibt Märkte, die sich vom Käufermarkt zum Verkäufermarkt verändert haben. Die Verkäufer die kein Training absolviert hatten, tun sich schwer, die Veränderung mitzumachen.

Das Trainingsprogramm für einen Verkäufer ist umfangreich. Diese Themen kann ein Verkaufstraining beinhalten:

- Verkaufsgrundlagen
- Gebiets- und Kundenpotenzial bewerten
- Angebotswesen und Nacharbeit
- Telefon als Akquise-Instrument
- Absatzvorschau
- Terminvereinbarung und Kaltbesuche
- Kundenservice und -betreuung
- Verkaufsvorbereitung
- Phasen des Verkaufsgesprächs
- Rhetorik
- Zuhören
- Körpersprache
- Transaktionsanalyse
- Menschenkenntnis
- Präsentationstechnik
- Persönlichkeitsentwicklung
- Nutzenargumentation und Einwandbehandlung
- Preisverkauf
- Abschlusstechniken
- Selbstorganisation
- Selbstmotivation und Stärkung der psychischen Kräfte
- PC, Laptop, Palmtop etc. als Verkaufsassistent

Also, umfangreiche Themen, die je nach Unternehmen und Verkäufer genau durchdacht und geplant werden müssen. Nehmen Sie diese Aufgabe nicht zu leicht! Ihr Erfolg ist von der genauen Definition des Trainingsbedarfs abhängig.

Zusammenfassung

1. Analysieren Sie die Zahlen im Vertriebsbereich.
2. Planen Sie den Auftragseingang für eine feste Periode detailliert.
3. Betrachten Sie die Planung der Aufträge als eine der grundlegenden Tätigkeiten.
4. Verlieren Sie sich nicht in Zahlen.
5. Organisieren Sie das Angebotswesen.
6. Stellen Sie sicher, dass der monatliche Bericht an die Geschäftsleitung Ziele, Zahlen und aktuelle Ergebnisse beinhaltet.
7. Vergessen Sie nie, dass die permanente und gute Ausbildung der Verkaufsmitarbeiter der halbe Erfolg ist.
8. Und prüfen Sie, wie Ihre Verkäufer agieren, wenn der Kunde sagt: „zu teuer" – Sie werden überrascht sein, wie hilflos und überrascht die meisten Verkäufer reagieren.

4. Führen einer Vertriebsorganisation

Es gibt einige Merkmale, die eine Führungskraft auszeichnen. Egal, was Sie sagen, tun oder wie Sie sich benehmen, Sie werden als Vorbild gesehen. Sie werden genau beobachtet, es wird alles gehört, was Sie sagen, es wird alles gesehen, was Sie tun.

Die besten Manager agieren als gutes Vorbild und sind damit erfolgreich. Sie haben ein gutes Benehmen, sind fair, kontrolliert in Ihren Handlungen und menschlich. Sie handeln mit dem Kopf und nicht mit der Lautstärke Ihrer Stimme. Sie haben ein starkes Team, und jeder in der Gruppe managt seine Aufgaben selbst. Sie arbeiten mit und durch andere. Gute Manager arbeiten auch mit dem Risiko, dass Fehler auf dem Weg zum Erfolg passieren.

Es gibt drei grundsätzliche Führungsstile:

1. **Autoritärer Führungsstil**

   Der „Chef" bestimmt, wer was wann macht. Kein Mitarbeiter ist am Entscheidungsprozess beteiligt. Diskussionen werden selten erlaubt. Ein alter, verstaubter Führungsstil aus den 50er Jahren, der eigentlich ausgestorben sein sollte.

2. **Laissez-faire/Alles ist erlaubt**

   Dieser Stil ist genau das Gegenteil des vorher beschriebenen. Er ist wenig effektiv, da die Mitarbeiter nicht geführt werden und jeder tut, was er für richtig hält. Die Koordination des Teams als Einheit fehlt, der Informationsfluss kann zum Teil nicht sichergestellt werden.

3. **Partizipatives/demokratisches/situationsbezogenes Führen**

   Dieser Stil fördert die Interaktion zwischen Manager und Mitarbeiter. Jeder Mitarbeiter ist willkommen, seine Meinung auszusprechen. Der Manager stellt sich auf die Mitarbeiter ein, fördert diese und kommuniziert fair und sachlich. Nur dieser Stil führt, konsequent angewendet, zu hoher Leistung und zum Erfolg.

Die 21 wichtigsten Führungsleitsätze

Ein kleiner Knigge für leitende Angestellte, der grundsätzlich beachtet werden sollte:

1. Identifizieren Sie sich mit dem Unternehmen, in dem Sie arbeiten.
2. Seien Sie loyal! Folgen Sie den dort geltenden Regeln, Anweisungen und Zielen. Falls Sie sich nicht loyal verhalten können, verlassen Sie besser die Firma.
3. Stellen Sie nur Leute ein, die in die Gruppe passen. Sie müssen auf Ihre Leute stolz sein können.
4. Besprechen Sie mit den Mitarbeitern die Arbeit, die Sie verlangen. Erklären Sie Regelungen. Lassen Sie die Mitarbeiter nicht beim „Wie" hängen. Der Mitarbeiter muss klare Leitfäden haben und wissen, warum etwas zu tun ist.
5. Wenn eine Entscheidung gefallen ist, wird sie durchgeführt. Und zwar mit absoluter Konsequenz.
6. Wenn Sie eine Entscheidung nicht konsequent durchsetzen, machen Sie sich unglaubwürdig.
7. Haben Sie niemals Ohren für dummes Geschwätz! Fakten prüfen, Daten sammeln, Ergebnisse und Sachverhalte schriftlich geben lassen.
8. Bei wichtigen Entscheidungen eine Nacht darüber schlafen. Wenn nötig, nochmals besprechen und dann entscheiden. Egal, wie Sie entscheiden, es wird immer jemanden geben, der dagegen ist. Aber es ist Ihre Entscheidung, zu der Sie stehen müssen.
9. Wenn es Zeit ist zu sprechen, sprechen Sie. Wenn Sie sprechen, sagen Sie etwas, was es wert ist, gehört zu werden.
10. Halten Sie täglich Kontakt mit den Mitarbeitern. „Management by walking around"! Informationen geben und erhalten. Probleme vor Ort kennen lernen.
11. Kontrollieren und besprechen Sie die getane Arbeit der Mitarbeiter. Analysen, Berichte, Planungen. Kontrolle ist das wichtigste. Wer nicht kontrolliert, führt nicht! Verantwortung können Sie

nicht delegieren. Wenn Sie nicht kontrollieren, können Sie keine Verantwortung übernehmen.

12. Halten Sie gegebene Zusagen ein! Stehen Sie zum gegebenen Wort. Jeder muss wissen, dass auf Sie Verlass ist.
13. Seien Sie das Vorbild der Mitarbeiter! Die Mitarbeiter müssen den Wunsch verspüren, Ihnen nachzueifern.
14. Seien Sie gerecht! Gleiches Recht für alle!
15. Der Erfolg Ihrer Mitarbeiter ist Ihr Erfolg! Machen Sie Ihre Mitarbeiter erfolgreich.
16. Der Mitarbeiter arbeitet für sich selbst und nicht für Sie.
17. Loben Sie Ihre Mitarbeiter. Ehrliches Lob ist das Öl in Ihrer Organisation. Loben Sie öfter! Lob kostet nichts. Ihre Mitarbeiter brauchen Lob, wie der Körper Wasser braucht. Lassen Sie Ihre Mitarbeiter nicht verdursten!
18. Auch Ihr Vorgesetzter braucht Lob. Aber Vorsicht, nicht übertreiben, nur dosiert loben! Nur ehrlich gemeintes Lob aussprechen.
19. Jeder Mitarbeiter braucht Anleitung und Führung. Wenn Sie nicht führen, braucht der Mitarbeiter Sie nicht.
20. Hätte ein Mitarbeiter alle Kenntnisse, hätte er seine eigene Firma.
21. Lassen Sie sich nur von Erfolgreichen Tipps geben.

Jedes Orchester braucht einen Dirigenten, auch das beste. Ohne dass er den Taktstock hebt, wird nicht gespielt.

Der Managementzyklus

Jede Maßnahme, jede Planung, jede Aktion erfolgt nach dem nachfolgend aufgeführten Managementzyklus. Wenn in einem Ablauf etwas schief geht, wurde eine der Stationen im Zyklus nicht beachtet. Der Managementzyklus (Projektablauf) ist ein Ablauf, der zur Erreichung von vorgegebenen Zielen benötigt wird.

Ziel

Um eine Arbeit zu beginnen, muss ein Ziel gesetzt werden. Ohne genaue Zielsetzung wird das angestrebte Ergebnis verfehlt, oder es muss immer wieder korrigiert werden. Bei jeder Planung wird das Ziel exakt definiert: Der Architekt zeichnet den Plan, bevor die Arbeiten am Bau beginnen, ein Kapitän bestimmt den Zielhafen, bevor er mit der Navigation beginnt, jedes Verkaufsziel wird definiert, bevor man mit der Planung und der Durchführung beginnt. Ohne festes Ziel lässt sich schlecht planen.

Ziele lassen sich in drei Hauptziele zusammenfassen. Es gibt Sach-, Kosten- und Terminziele.

Sachziel ist, die Aufgabe in der geforderten Form zu lösen. Kostenziel bedeutet, dass der Plan ohne Überschreitung der vorgegebenen Kosten abgeschlossen werden sollte. Das Terminziel schließlich heißt, die definierten Aufgaben zu einem vorgegebenen Zeitpunkt zu einem erfolgreichen Abschluss zu bringen.

Planen

Nach der Zielsetzung werden alle Schritte zur Zielerreichung geplant. Ein genauer Ablauf wird festgestellt, die notwendigen Hilfsmittel und Materialien bestimmt, der Arbeitsaufwand errechnet und die Zeitabläufe definiert. Je nach Art und Größe des Projekts wird ein Plan erstellt. Ein Plan ist die Grundlage für alle nachfolgenden Abläufe. Ein Projekt ist ein Plan, in dem alle bekannten und unbekannten Anforderungen und Teilaufgaben aufgeführt sind. Projektmanagement ist erforderlich, sobald das Projekt sich durch eine gewisse Komplexität auszeichnet. Komplexität ist sehr bald erreicht: bei der Durchführung von Marketingaktivitäten, bei großen Kundenprojekten und bei umfangreichen Angeboten.

Organisieren

Wie im Plan festgelegt, werden die erforderlichen Einzelheiten organisiert, das heißt alle Vorbereitungen getroffen. Die für die Durchführung des Plans notwendigen Materialien und Manpower werden organisiert.

Durchführen/Delegieren

Man beginnt mit der Ausführung der Arbeiten oder delegiert Arbeiten an die entsprechenden Abteilungen oder Mitarbeiter zur Erledigung.

Kontrollieren

Bei der Durchführung muss der Fortschritt laufend überwacht werden. Nicht alle Teile des Ablaufs werden sich in der geplanten Weise umsetzen lassen. Mitarbeiter werden krank, Lieferanten liefern nicht pünktlich, unvorhersehbare Schwierigkeiten treten auf. Deshalb muss der Ablauf kontrolliert werden, notwendige Korrekturen im Ablauf oder in der Zielsetzung müssen erfolgen.

Nach Abschluss des Projekts wird es im Hinblick auf Zielerreichung und auch nach Kostengesichtspunkten beurteilt. Die Erkenntnisse können zu neuer Zielsetzung und Durchführung von weiteren oder korrigierten Zielen führen.

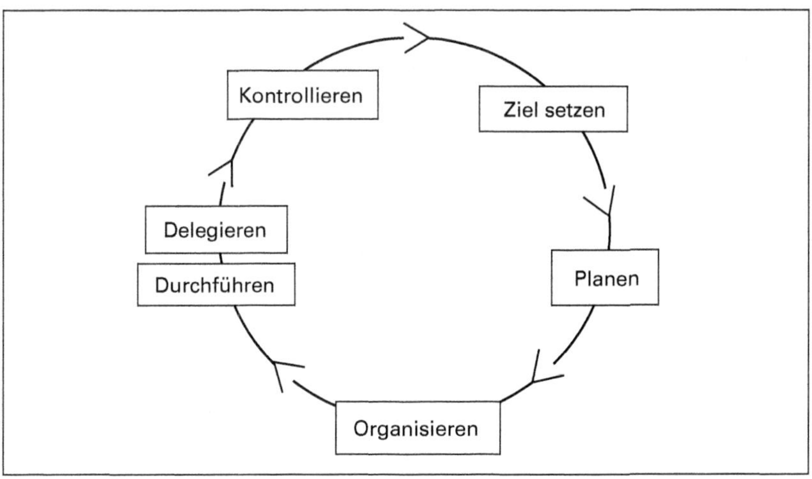

Der Managementzyklus

Ein einfacher Ablauf dieses Managementzyklus kann zum Beispiel ein Besuch beim Kunden sein:

Ziel: ein Angebot beim Kunden präsentieren, Abschlussgespräch und die Unterschrift unter einem Auftrag

Planung: die Erstellung der Angebotsunterlagen, Sammeln von Kundendaten, Zeitaufwand feststellen

Organisieren: Angebot erstellen, Termin vereinbaren, Unterlagen für Präsentation organisieren

Durchführen: den Besuch wie geplant durchführen

Kontrolle: überprüfen, ob der Kunde den Auftrag unterschrieben hat

Falls das Ziel nicht erreicht wurde, fängt der Zyklus wieder bei einer neuen Zielsetzung an.

Zusammenfassung

1. Finden Sie Ihren persönlichen Stil.
2. Seien Sie ein gutes Vorbild für Ihre Mitarbeiter.
3. Handeln Sie entsprechend dem Managementzyklus.
4. Betrachten Sie Kontrolle als Ihre wichtigste Aufgabe.

5. Verkäufer einstellen, beurteilen, abmahnen und entlassen

Verkäufersuche und -einstellung

Abhängig von der Art des Vertriebs muss der richtige Typ von Verkäufer rekrutiert werden. Ihr Erfolg hängt direkt von Ihren Verkäufern ab. Es gibt unterschiedliche Anforderungen an Verkäufer, abhängig davon, welche Produkte verkauft werden. Die Auswahlkriterien richten sich danach, ob

- Investitionsgüter wie Maschinen und Anlagen,
- Immobilien und Versicherungen,
- Verbrauchsgüter, wie beispielsweise Waschmittel und Kleidung, oder
- Arzneimittel

verkauft werden sollen.

Der Verkaufszyklus des Verkäufers im Investitionsgüterbreich reicht von der Unternehmens- und Produktpräsentation, Angebotsanalyse, Angebotserstellung und -präsentation bis hin zu den Abschlussgesprächen, er umfasst also normalerweise zwischen fünf und zehn oder auch mehr Kontakten bis zum Vertragsabschluss. Der Versicherungsverkäufer schließt in der Regel beim ersten Besuch den Vertrag ab, maximal nach dem zweiten. Der Arztbesucher, der Arzneien verkauft, hat beim Verkaufsgespräch maximal fünf bis zehn Minuten Zeit. In dieser kurzen Zeit muss er sämtliche Verkaufsphasen, wie Etablieren, Präsentieren des Produkts und die Akzeptanz für das vorgestellte Produkt (quasi Abschluss) durchlaufen. Der Verbrauchsgüter-Verkäufer muss sehen, wie er Mengen nicht nur verkauft, sondern dem Kunden auch zeigt (Hilfestellung gibt), wie dieser die Produkte an seine Kunden verkauft.

Die Vorbildung des Verkäufers ist in einigen Branchen wichtig; viele Firmen vermitteln den Verkäufern die spezifischen notwendigen Kenntnisse.

In jedem Fall muss ein genaues Anforderungsprofil des Verkäufers erstellt werden. In diesem werden die Anforderungen, die fachlichen Kenntnisse und persönlichen Eigenschaften beschrieben. Grundlage dafür kann die Stellenbeschreibung sein.

Erarbeiten Sie genau, welcher Verkäufertyp für Sie erfolgreich sein kann. Übergeben Sie dem Bewerber das Anforderungsprofil, und lassen Sie ihn zu den einzelnen Punkten Stellung nehmen.

Das Einstellungsgespräch

Aus den eingegangenen Bewerbungen wählen Sie die Kandidaten aus, die den Grundanforderungen entsprechen, und vereinbaren einen ersten Termin.

Die wichtigsten Fragen, die Sie sich stellen müssen, sind:

- Werden die Kunden den Verkäufer akzeptieren?
- Würden Sie als Kunde dem Bewerber vertrauen und ihm einen Auftrag geben?
- Ist er der richtige Repräsentant Ihrer Firma?

Achten Sie genau auf den ersten Eindruck, den der Bewerber bei Ihnen hervorruft. Ihre Kunden kennen die Zeugnisse und Qualifikation Ihres Verkäufers nicht. Die Kunden werden Ähnliches empfinden, wenn sie diesen Verkäufer zum ersten Mal sehen.

> *Der Geschäftsführer einer sehr erfolgreichen Firma erzählte, dass er seine Mitarbeiter immer aus dem Bauch heraus gewählt hat. Die meisten seiner Entscheidungen im Personalbereich, die er rational und gegen sein „Bauch"-Gefühl fällte, stellten sich als Fehlentscheidungen heraus.*

In den meisten Firmen haben Sie einen erfahrenen Personalsachbearbeiter, der Ihnen hilfreich zur Seite steht und die Vorarbeiten erledigt. Nutzen Sie dessen Sachkenntnis, Sie müssen nicht alles alleine erledigen.

Halten Sie alle Informationen, die Sie im Bewerbungsgespräch erhalten, schriftlich fest. Machen Sie sich eine Matrix, in der Sie die wichtigsten Anforderungen und Bewertungseindrücke eines jeden

Bewerbers mit einer Benotung festhalten. Den Bewerber, bei dem die Voraussetzungen grundsätzlich stimmen, stellen Sie ein. Bei leitenden oder anderen wichtigen Positionen werden mehrere Gespräche mit dem Bewerber geführt. Lassen Sie den Bewerber auch von anderen Personen in Ihrem Unternehmen prüfen.

Mitarbeiterbeurteilung

Es gibt in Unternehmen heute verschiedene Mitarbeiterbeurteilungssysteme. Deshalb wird hier nicht ein neues System vorgestellt, sondern auf die Besonderheiten bei der Beurteilung im Vertrieb eingegangen. Die wichtigste Beurteilungsgröße ist die Zielerreichung (Aufträge/Umsätze) eines Verkäufers.

Im Gespräch werden mit dem Mitarbeiter Stärken und Schwächen besprochen und schriftlich festgehalten. Die eigene Beurteilung des Mitarbeiters kann von der des Vorgesetzten abweichen. Auf einem Formular kann grafisch die Übereinstimmung oder Abweichung der Meinungen zu verschiedenen Leistungen dargestellt werden (siehe Beispiel auf der folgenden Seite). Daraus ergibt sich dann ein Aktionsplan, der periodisch auf Durchführung und Erreichung überprüft wird.

Nach demselben Prinzip kann sich auch jeder Vorgesetzte von seinen Mitarbeitern beurteilen lassen. Es ist sicher interessant, wie man von seinen Mitarbeitern bewertet und gesehen wird. Aber aus Erfahrung weiß ich, dass nur wenige starke Manager sich diese Information für Ihre Arbeit holen, ein Instrument, das gleichzeitig ein Ventil für die Mitarbeiter darstellt.

Die Kurven werden verglichen, Abweichungen besprochen. Aufgrund der besprochenen Leistungen und Beurteilungen werden Maßnahmen, wie beispielsweise Schulungen, Hilfestellungen, Änderung der organisatorischen Gegebenheiten (soweit diese die Zielerreichung betreffen) vereinbart und schriftlich festgehalten, mit fest terminierten Kontrollen, bei denen Vereinbarungen und Erfolge überprüft werden.

Also Zielvereinbarung und nicht ein Konfliktgespräch soll das Ergebnis der so genannten Beurteilung sein. Für beide Seiten kann so eine konstruktive und vertrauensvolle Zusammenarbeit entstehen.

Bewertung 1 – 4   1= sehr gut, 2 = gut, 3 = ausreichend, 4 = nicht ausreichend

Zielerreichung	1	2	3	4
Verkaufstechnik	1	2	3	4
Abschlusssicherheit	1	2	3	4
Verhalten zu Kollegen	1	2	3	4
Neukunden	1	2	3	4

Beurteilung durch   den Mitarbeiter   den Vorgesetzten

Beurteilung durch Mitarbeiter und Vorgesetzten

In den meisten Unternehmen sind Stellenbeschreibungen und Mitarbeiterbeurteilungssysteme bereits eingeführt. Verwenden Sie diese Maßnahme mit der notwendigen Sorgfalt, und sehen Sie es nicht als eine lästige Pflicht an. Richtig eingesetzt, kann jede Maßnahme in diesem Bereich zur Verbesserung der Zusammenarbeit des Mitarbeiters mit dem Vorgesetzten und dem Team verwendet werden und der Leistungs- und Motivationssteigerung dienen.

Nehmen Sie sich genügend Zeit für die Personalgespräche, planen Sie den Ablauf sorgfältig. Erklären Sie genau, welches Ziel das Gespräch hat, wie das Gespräch ablaufen wird und was das Ergebnis für den Mitarbeiter bedeutet. Informieren Sie den Mitarbeiter so weit, dass er keine Angst hat, sondern das Gespräch als positive Chance erkennt. Ein falsches Wort oder ungeschickte Kritik kann mehr kaputt machen, als man denkt.

Bei dem Gespräch sollten Sie unbedingt ungestört sein. Kommen starke Emotionen hoch, vertagen Sie die Fortsetzung auf den nächsten Tag. Ein Beurteilungsgespräch sollte kein Konfliktgespräch sein, sondern den Stand der Zusammenarbeit festhalten, dem Mitarbeiter ein Gefühl dafür geben, wo er in der Organisation steht, wie die Zusammenarbeit im nächsten gemeinsamen Jahr aussehen soll und welche Maßnahmen für seine weitere Entwicklung getroffen werden.

Abmahnung und Entlassung

Die Leistungen lassen sich im Verkauf durch den erreichten Umsatz leicht kontrollierten. Als Führungskraft liegt es an Ihnen, die Leistung permanent zu überprüfen, bei Minderleistung die Situation zu eruieren und entsprechende Maßnahmen einzuleiten.

Sollten die Leistungen eines Mitarbeiters nicht den Anforderungen entsprechen, müssen Sie handeln. Nach genauer Prüfung der Fakten wird ein Gespräch mit dem Mitarbeiter vereinbart. Ziel des ersten Gesprächs ist, eine Klärung der Situation herbeizuführen und dem Mitarbeiter die Chance zu geben, sich zu den Gegebenheiten zu äußern. Das Gespräch wird ruhig und ohne Anschuldigungen, Emotionen und Schuldzuweisungen durchgeführt.

Wenn erhebliche Minderleistung oder ein Fehlverhalten vorliegt, ist eine Abmahnung aus rechtlichen Gründen erforderlich. Diese kann mündlich (vor Zeugen) oder schriftlich erfolgen.

Beispiele für Abmahnungsgründe:

- zu geringer Zeiteinsatz des Verkäufers
- zuwenig Termine trotz mehrerer diesbezüglicher Hinweise
- berechtigte Beschwerden von Kunden
- ständig Vereinbarungen ohne Einwilligung der Firma
- fehlende Aufträge
- exzessiver Alkoholkonsum während der Arbeitszeit

Bedenken Sie dabei auch, dass eine Abmahnung zunächst einmal eine Kränkung zur Folge hat, die sich negativ auf die Motivation auswirken kann.

Das Ziel eines Kritikgesprächs ist, eine Liste mit Aktionen und kurzfristigen Zielen, die kontrolliert werden, zu vereinbaren. Diese Liste soll dem Mitarbeiter helfen, seine Leistung zu verbessern.

Führen Sie in kurzen Abständen weitere Gespräche mit dem Mitarbeiter. Halten Sie die vereinbarten Maßnahmen schriftlich fest.

Maßnahmen können sein:

- Produktschulung
- spezifische Verkaufsschulung, beispielsweise Abschlusstechniken

- besondere Verkaufsaktionen im Gebiet des Verkäufers
- gemeinsame Besuche beim Kunden
- organisatorische Maßnahmen, zum Beispiel im Angebotswesen
- Fokussierung auf besondere Kundengruppen

Überlegen Sie, dass ein neuer Mitarbeiter immer mit Umsatzausfall und hohen Kosten verbunden ist. Manchmal ist es der einfachere Weg, mit geeigneten Maßnahmen den vorhandenen Mitarbeiter zu entsprechender Leistung zu bewegen.

Wir unterscheiden bei diesen Maßnahmen zwischen dem Wollen und dem Können des Mitarbeiters. Im Bereich des Könnens wird Schulung Abhilfe schaffen. Nach den Schulungen muss sich eine spürbare Änderung ergeben. Sollte das Problem aber im Bereich des Wollens liegen, empfehle ich nach zweimaliger (auch schriftlicher) Abmahnung und unveränderter Situation, sich von dem betreffenden Mitarbeiter zu trennen.

Aus eigener Erfahrung und aus Gesprächen mit Kollegen weiß ich, dass viele Mitarbeiter, die die geforderte Leistung im Verkauf nicht erbracht haben, sich trotz der eingeleiteten Maßnahmen in ihrem Verhalten kaum geändert haben. Selten kommt ein erfolgloser Verkäufer danach auf die geforderte Leistung. Ich empfehle Ihnen deshalb, genau zu prüfen, ob der Mitarbeiter wirklich gewillt ist, seine Leistung zu verbessern. Ist wenig Einsicht erkennbar, trennen Sie sich besser vom Mitarbeiter (ein Jagdhund nützt wenig, wenn Sie ihn zum Jagen tragen müssen). Diese Situationen erfordern, falls sie nicht bereinigt werden, großen Zeitaufwand.

Eine Entlassung wird sorgfältig vorbereitet; mit einem Rechtskundigen wird vorher die Vorgehensweise beraten. Bedenken Sie in jedem Fall die soziale Situation des Mitarbeiters. In Härtefällen bieten Sie Hilfe an. Das ist die Pflicht eines Vorgesetzten.

Eine Kündigung soll immer persönlich vom direkten Vorgesetzten erfolgen. Lassen Sie sich den Empfang der schriftlichen Kündigung auf einer Kopie bestätigen.

Seien Sie bei diesem Entlassungsgespräch verbindlich und freundlich. Erklären Sie genau, warum dieser Schritt notwendig wurde. Geben Sie dem Mitarbeiter Zeit, Stellung zur Sache zu nehmen. Seien Sie in jedem Fall fair!

Zusammenfassung

1. Nur mit guten Mitarbeitern werden Sie erfolgreich.
2. Werden Leistungen nicht erbracht, führen Sie Gespräche mit dem Mitarbeiter.
3. Mitarbeiterbeurteilung ist ein Zielvereinbarungsinstrument, das mindestens einmal jährlich durchgeführt wird.
4. Nehmen Sie dem Mitarbeiter die Angst, bevor Sie das Gespräch beginnen.
5. Halten Sie das Ergebnis und die Vereinbarungen schriftlich fest, und geben Sie dem Mitarbeiter eine Kopie.
6. Ergibt sich keine Änderung im Verhalten oder in der Leistung, bleibt nach weiteren Gesprächen nur die Abmahnung, in schwer wiegenden Fällen oder bei fehlender Einsicht die Entlassung.
7. In keinem Fall sind Emotionen im Gespräch notwendig. Bleiben Sie ruhig, bleiben Sie fair.

6. Motivation im Unternehmen

Ohne über das Wie nachzudenken, erwartet die Unternehmensleitung, dass jeder Manager seine Mitarbeiter motiviert. Der Motivationsgrad einer Belegschaft ist eine Größe, die sich auf die Arbeitsbereitschaft, die Identifikation mit dem Unternehmen, die Arbeitsleistung und die Verschwiegenheit besonders stark auswirkt. Wenn die Mitarbeiter schon morgens ungern zur Arbeit gehen, ohne Freude die Arbeit beginnen, abends schnell wieder nach Hause wollen, kann keine hohe Arbeitsleistung erwartet werden.

Eine Führungskraft kann durch entsprechendes Verhalten das Arbeitsklima in der Abteilung positiv beeinflussen. Doch ist der Einfluss der verschiedenen Gegebenheiten in einem Unternehmen auf die Motivation eines Mitarbeiters so vielfältig, dass auch durch den besten Verkaufsleiter die Situation nur zum Teil verändert werden kann.

Wenn in einem Unternehmen Mitarbeiter abgebaut werden, Überstunden geleistet werden müssen, Manager sich ungerecht verhalten, kein Konzept für die Motivation überlegt wurde, die Geschäftsleitung sich keine Gedanken über die Menschen im Unternehmen macht, dann helfen alle so genannten Motivatoren nicht mehr.

Eines sei der Klarheit halber aber festgehalten: Alle Mitarbeiter müssen gefordert und zu Leistung gebracht werden. Wer mitmacht, ist ein gern gesehener Kollege. Wer glaubt, im Team nicht mitmachen zu müssen, und stört, wird verwarnt. Ändert er sein Verhalten nicht, muss er gehen. Er kann die Stimmung so nachhaltig stören, dass es für alle Kollegen zur Belastung wird.

Ein Unternehmen hat nur so weit eine soziale Verantwortung für einen Mitarbeiter, wie dieser bereit ist, positiv mitzumachen und Verantwortung für sein Verhalten zu übernehmen.

Das klingt vielleicht hart, aber ich habe immer wieder erlebt, dass Mitarbeitern in jeder erdenklichen Weise geholfen wurde, am Ende der Erfolg jedoch ausblieb.

Denken Sie daran, wie viele Arbeitsplätze vom Erfolg des Verkaufs abhängen! Leider musste auch ich Mitarbeiter im Verkauf entlassen. Aber aus heutiger Sicht muss ich feststellen, dass ich mir diese Entscheidung immer zu lange überlegte, weil ein Schicksal und meistens eine Familie hinter dieser Person stand.

Ein Beispiel: Wenn die Besuchsfrequenz eines Mitarbeiters mit zwei bis drei Besuchen in der Woche weit unter den machbaren Terminen liegt, mehrere Gespräche keine Einsicht und keine Änderung bewirken, dann bleibt nur die Entscheidung, den Mitarbeiter zu entlassen. Eine Abmahnung bewirkt hier nichts oder nur wenig, denn ein abgemahnter Verkäufer ist in der Regel unmotiviert.

Manager sind meistens nicht trainiert, Motivation als permanentes Werkzeug einzusetzen. In vielen Unternehmen wird nach dem Motto „Motiviert mal schön" verfahren. Der Manager ohne Anleitung und Erfahrung experimentiert in der Abteilung und weiß am Schluss selbst nicht, warum es funktioniert hat oder nicht. Eine Tischtennisplatte im Keller oder ein Betriebsausflug sind keine wirksamen Mittel, um zu motivieren, da sie als Aktion alleine stehen und vielleicht sogar das Gegenteil der guten Absicht erreichen. Mitarbeiter verlassen sauer und frustriert mit Kundenlisten, Firmengeheimnissen, Entwicklungsplänen, Marketingstrategien und anderen vertraulichen Informationen das Unternehmen und freuen sich diebisch, dem ehemaligen Arbeitgeber die empfundene Ungerechtigkeit heimzuzahlen.

In der Unternehmenszielsetzung soll Motivation als Einrichtung eines permanenten und kontrollierten Prozesses definiert sein.

Diese Zielsetzung soll das ganze Unternehmen betreffen und sich auch auf die Mitarbeiter und das Unternehmen positiv auswirken. Das bedeutet, die Unternehmensleitung versucht, beim Mitarbeiter Gedankengänge und Verhaltensweisen auszulösen (zu bewegen), die eine Identifikation des persönlichen Handelns mit den Zielen des Unternehmens bewirken.

Der motivierte Mitarbeiter macht die Ziele des Unternehmens zu seinen eigenen. Das Grundprinzip des menschlichen Handelns ist jedoch immer sein eigenes Ego: „Was nutzt mir, was schadet mir?" Bringt man deshalb persönliche Ziele und Ziele des Unternehmens in Übereinstimmung, so wird man einen voll motivierten Mitarbeiter haben. Fremdbestimmte Motivationen, die gegen Eigeninteressen eines Mitarbeiters verstoßen, wird er sich kaum aufzwingen lassen. Letztlich muss man also alle diese fremdbestimmenden Motivationsgründe unter die Eigeninteressen eines jeden Menschen ordnen können. Dann wird sie der Mitarbeiter als nützlich und hilfreich akzeptieren.

Ihre Aufgabe ist es deshalb, die Eigeninteressen, die persönlichen Zielsetzungen Ihrer Verkäufer in Übereinstimmung mit den Unternehmenszielen zu bringen. Neben den arbeitsrelevanten Faktoren müssen Sie also auch das Umfeld Ihrer Mitarbeiter kennen und berücksichtigen. Da sind:

- der Arbeitsplatz,
- Sie als Vorgesetzter,
- die Kollegen,
- die Familie und
- die Erwartungen, Ängste, Beweggründe des Mitarbeiters.

Alle diese Fakten zu berücksichtigen ist sicher schwierig. Deswegen scheitern auch die meisten Unternehmen an dieser wichtigen Aufgabe, weil sie sich zu wenig mit der Thematik beschäftigen.

Eine der besten Geschichten über Motivation ist die über eine Automobilfabrik:

> *Nach Ende der Nachtschicht schrieben die Arbeiter die Anzahl der produzierten Autos groß auf die Wand. Die Tagschicht sah die Zahl und versuchte, diese zu übertreffen. Am Ende der Schicht überschrieben die Leute der Tagschicht mit der besseren Zahl. Die Nachtschicht reagierte darauf und überbot diese Produktionszahl. Die Konkurrenz hielt an und wirkte sich auf die Produktion entsprechend positiv aus.*

Ob diese Geschichte wahr ist oder nicht, sei dahingestellt. Aber die Erkenntnis ist: Motivation bewirkt Leistung. Interessant in diesem Zusammenhang ist der „Hawthorne Effect".

Elton Mayo hat von 1927 bis 1932 die ersten modernen Untersuchungen über das Verhalten der Arbeiter im Verhältnis zur Produktivität angestellt. Die Untersuchung wurde in Chicago in der Fabrik der Western Electric durchgeführt. Das Ergebnis wurde als der „Hawthorne Effect" bekannt.

Mayo benutzte verschiedene Tests, um die Auswirkung auf die Produktivität zu ergründen. Es wurde mit Musik, hellerem Licht, dunklerer Beleuchtung und dergleichen experimentiert. Die Resultate waren überraschenderweise bei allen Tests gleich. Die Produktivität erhöhte sich bei allen Versuchen. Den größten Einfluss auf die positive Reaktion hatte die Zuwendung, die die Arbeiter erfuhren. Dies geschah jedoch unbeabsichtigt.

Die wichtigste Erkenntnis ist, dass Menschen auf Menschen reagieren. Ihre Mitarbeiter, ob es zwei sind oder 200, werden auf Ihre Person reagieren!

Den Teambegriff lebendig machen

Ein gut funktionierendes Team, in dem jeder Einzelne vom Vorgesetzten als eigenständige Persönlichkeit mit eigenen Kompetenzen und Fähigkeiten anerkannt wird, ist motiviert und kann unendlich viel erreichen. Trotz dieser allgemein bekannten Tatsache ist es erstaunlich, wie viele (Verkaufs-)Führungskräfte nach wie vor das Einzelkämpfertum fördern und den Konkurrenzgedanken innerhalb der Verkaufsmannschaft eher unterstützen als den Teamgedanken.

Und: Tatsache ist auch, dass viele Führungskräfte ihr Team eher als Permanentbelastung sehen – bei Ärger und Problemen sind sie auf Abwehr programmiert.

Überdenken Sie in Ruhe Ihre Einstellung zu Ihrem Team. Setzen Sie sich hinsichtlich der Teamentwicklung konkrete Ziele, und entwickeln Sie ein situationsbezogenes Führungsverhalten. Das müssen keine großen Umwälzungen sein, es sind meist die schwer zu realisierenden Kleinigkeiten, die Klima und Motivation verbessern. Beispielsweise den Mitarbeitern das Gefühl zu geben, immer ansprechbar zu sein, Fragen nicht abzublocken, sondern zu beantworten – auch wenn die Antwort aufgrund von Zeitknappheit kurz ausfällt. Dazu gehört, Vertrauen zu haben und Entscheidungskompetenz zu übertragen. Mitbestimmung motiviert zu außergewöhnlichen Leistungen und weckt die Eigeninitiative. Auch regelmäßiges Lob gibt den Mitarbeitern das Gefühl, akzeptiert zu sein, sie begeistern sich für ihre Aufgaben und bekommen das Gefühl, gebraucht zu werden.

Überprüfen Sie einmal Ihre Einstellung zu Ihrem Verkaufsteam:

- Welche Gefühle haben Sie, wenn Sie an Ihre Mitarbeiter denken?
- Wie sprechen Sie privat, in der Familie und mit Freunden über Ihre Mitarbeiter?
- Empfinden Sie Ihre täglichen Führungsaufgaben als Belastung?

Überprüfen Sie auch, welchen Einfluss Sie bereits auf Ihr Team haben:

- Wie schätzen Sie Ihre Akzeptanz in Ihrer Abteilung ein?
- Welche Erwartungen haben Sie an Ihre Mitarbeiter?
- Haben Sie unterschiedlich hohe Erwartungen an Einzelne?
- Inwieweit beeinflussen Sie so mit Ihren Erwartungen die Leistungen des Einzelnen? (Sie wissen: Erwartungen erfüllen sich, auch wenn Sie nicht verbalisiert werden.)

Selbstdisziplin ist gefragt

Um wirklich etwas zu erreichen, müssen Sie in erster Linie selbst Disziplin zeigen und durch Vorbild zur Nachahmung anregen.

> *Bei einem Unternehmen übernahm ich die Leitung, nachdem der Posten des Direktors einer Abteilung ein Jahr lang nicht besetzt war. In der Abteilung hatten sich verschiedene Gewohnheiten etabliert. Ein wichtiger Punkt war die morgendliche Pünktlichkeit. Bis 10 Uhr war die Abteilung verwaist, da die Mitarbeiter gleitende Arbeitszeit hatten und abends wegen internationaler Kontakte auch mal länger arbeiteten. Allein durch mein beständiges morgendliches pünktliches Erscheinen waren nach kurzer Zeit alle Mitarbeiter morgens um 8.30 Uhr im Büro. Anweisungen oder Ermahnungen waren nicht notwendig.*

Personalgespräche, Qualitätszirkel sowie Mitarbeiterbeurteilungen sollten regelmäßig auf Ihrer Tagesordnung stehen. Permanentes Feedback, Lob und Kritik, sind ebenfalls unabdingbar auf dem Weg zu Ihrem Ziel, motivierte Mitarbeiter zu bekommen. Dabei kommt es darauf an, aus welcher Perspektive Sie Kritikgespräche oder Kontrollmaßnahmen kommunizieren.

Ganz bestimmt dient es nicht der Mitarbeitermotivation, wenn Sie Kritikgespräche selbst negativ weitergeben. Präsentieren Sie dem Mitarbeiter Kritik als Methode, aufgetretene Probleme sinnvoll zu lösen, dann fühlt er sich verstanden und unterstützt.

Ebenso verhält es sich mit Kontrollmaßnahmen. Natürlich ist es wichtig, Mitarbeiterleistung zu kontrollieren, trotz Vertrauen und Eigenverantwortung des Einzelnen. Aber auch hier macht der Ton die Musik. Sie demotivieren Ihre Mitarbeiter, wenn Sie mit einer Liste und Taschenrechner bewaffnet auftauchen und Planabweichungen im Auftragseingang gerechtfertigt haben wollen.

Definieren Sie aber im Vorfeld gemeinsam mit den Mitarbeitern kurz-, mittel- und langfristige Ziele und kommunizieren Erreichtes als Abstimmung der Vorgehensweisen auf dem Weg zum gemeinsamen Ziel, dann motivieren Sie Ihr Team, die gesteckten Ziele auch zu erreichen.

Kein Mitarbeiter will in Ruhe gelassen werden! Er will auch kommunizieren, Erfolge melden, bei Schwierigkeiten Hilfe abfragen und über seinen Fachbereich Informationen austauschen.

Erst wenn Ihnen wirklich bewusst ist, dass Ihr Erfolg tatsächlich vom Erfolg Ihrer Mitarbeiter abhängig ist, entwickeln Sie das notwendige Engagement und Fingerspitzengefühl, um auf jeden Einzelnen im Team einzugehen. Dann erst gelingt es Ihnen, jeden so zu fordern, dass er die Leistung als Herausforderung und nicht als Druck empfindet, und jeden so zu fördern, dass er seine persönlichen Vorstellungen erfüllt sieht.

Die folgende Checkliste zeigt, mit welchen Maßnahmen Sie Mitarbeitermotivation erreichen und steuern können.

Checkliste
Mitarbeitermotivation

- ❐ Definition und Bekanntgabe von kurz-, mittel- und langfristigen Motivationszielen
- ❐ Den Mitarbeitern die Ziele immer wieder in Erinnerung bringen
- ❐ Bestimmung der in jedem Unternehmensbereich unterschiedlichen motivationsfördernden Maßnahmen und Festlegung, wer dafür verantwortlich ist
- ❐ Training des Managements, die motivationsfördernden Maßnahmen zu verstehen und umzusetzen
- ❐ Beschlossene Maßnahmen zur Motivation der Mitarbeiter durchführen
- ❐ Permanente Rückmeldung der Auswirkungen der Maßnahmen
- ❐ Kontinuierliche Überprüfung der Erfolge und, wenn nötig, Korrektur von Zielsetzung und Maßnahmen

Die Einrichtung von periodischen Personalgesprächen, Qualitätszirkeln und Mitarbeiterbeurteilungen sind weitere Instrumentarien zur Mitarbeiterführung und somit zum Erkennen der Situation, in der die Mitarbeiter im und zum Unternehmen stehen. Es wird dadurch eine Rückkopplung ermöglicht, die zeigt, wie die Mitarbeiter „motiviert“ sind.

Motivationsfördernde Einrichtungen, die von oben nach unten zielgerichtet als Instrument für die Führung des Unternehmens eingesetzt werden, wirken sich positiv auf die Firmenkultur aus. Nicht nur der Leistungswille und die Loyalität, sondern auch die Produktivität werden dadurch nachhaltig beeinflusst.

Doch nicht immer sind die Maßnahmen erfolgreich. Oft gibt es Störfaktoren, die vom Arbeitgeber nicht sofort erkannt und abgestellt werden können, da diese sich außerhalb des Unternehmens, im privaten Bereich befinden.

> **Das Management muss trainiert sein, um anzuleiten und Vorbild zu sein. Und es muss sich gemäß den beschlossenen Zielen motivierend verhalten. Dies ist ein permanenter, geplanter Prozess.**

Gehaltserhöhungen bewirken nur kurze Motivationsschübe. Der finanzielle Aspekt ist als Motivationsmittel nur begrenzt wirksam. Er ist ein Hygienefaktor, der bis zu einer gewissen Höhe erfüllt werden muss. Sicher ist es bequem, das Gehalt zu erhöhen und zu hoffen, dass das motivierend wirkt; aber leider ist diese Maßnahme nur teuer und meist auf längere Sicht wirkungslos.

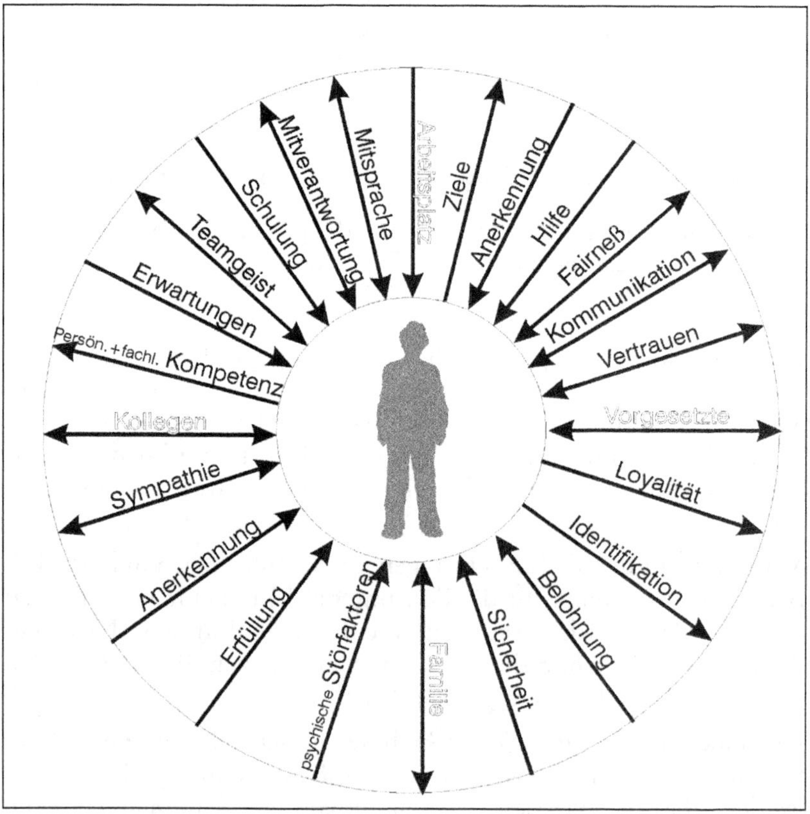

Motivationseinflüsse

Erfolgreiche Unternehmen haben das bereits erkannt und andere Maßnahmen wirkungsvoll eingesetzt. Firmen bewerten die Effizienz des Managements an der Zufriedenheit der Mitarbeiter und Kunden. Sie machen die Managergehälter teilweise von diesem Faktor abhängig.

Motivation muss als Zielsetzung für das gesamte Unternehmen verstanden werden. Dabei sind nicht nur die arbeitsrelevanten Fakten zu berücksichtigen. In gleicher Weise ist das Umfeld einzubeziehen, in dem der Mitarbeiter steht (siehe Abbildung auf der folgenden Seite). Das Verhalten des Mitarbeiters hängt vom Arbeitsplatz, von den Vorgesetzten, den Kollegen und der Familie sowie seinen Ängsten und Erwartungen ab. Motivation, richtig betrieben, bringt hohe Arbeitsleistung, höhere Sicherheit am Arbeitsplatz und für alle mehr Zufriedenheit.

Darüber hinaus hängen Motivationsfähigkeit und Verhalten der Menschen von der Erziehung, dem wirtschaftlichen, kulturellen, religiösen, politischen und gesellschaftlichen Umfeld ab. Die Arbeitsbereitschaft in den 50er Jahren war durch die damalige Situation anders als heute. Ebenso waren motivierende Faktoren andere als heute.

Jede momentane Situation bewirkt durch die verschiedenen Faktoren ein bestimmtes Motivationsverhalten.

Zusammenarbeit und Delegation

Team-Management bedeutet gemeinsame Willensbildung, Information und Motivation von Mitarbeitern und damit Zusammenarbeit und Verlass auf andere. Heute gibt es kaum noch Bereiche, in denen sich ein Unternehmer allein behaupten kann. Immer ist er auf die Information durch andere und die Mithilfe von Fachleuten und Mitarbeitern angewiesen. Innerbetriebliches Konkurrenzdenken sollte der Vergangenheit angehören. Der kluge Manager kennt sich im Umgang mit Kollegen und im Motivieren von Mitarbeitern aus; infolgedessen findet er in ihnen eine echte Arbeitsentlastung. Er fördert ihre Weiterbildung und bildet sich Fachkräfte heran, die nach den Erfordernissen seines Unternehmens geschult sind. Ein Team arbeitet effektiver, weil viel Wissen bessere Ergebnisse bringt und der Austausch miteinander Spaß und Kreativität fördert.

Der beste Motivator ist der Erfolg!

Wie sollte Ihr Team aussehen? Jeder gute Mitarbeiter sollte

- Ihr volles Vertrauen besitzen,
- Ihr Unternehmen nach außen positiv vertreten können,
- selbst gut organisiert sein,
- Routinearbeiten selbstständig erledigen,
- Verantwortung für seinen Arbeitsbereich gerne übernehmen,
- über Fachwissen und einen klaren Stil verfügen,
- auch unter Arbeitsdruck nicht „durchdrehen",
- an Weiterbildung interessiert sein und
- allgemeine Entscheidungsbefugnis im Rahmen seiner Tätigkeit erhalten.

Bedenken Sie aber immer, dass Sie von Ihrem Team nur so viel erwarten dürfen, wie Sie sich selbst einzusetzen bereit sind.

Wie sieht Motivation in der Praxis aus?

Zielsetzung Motivation

Als Basis gilt die schriftliche Zielsetzung des Unternehmens, die allen Mitarbeitern mindestens einmal jährlich zur Kenntnis gebracht wird. Die Einstellung zu Arbeit und Unternehmen wird positiv, wenn Mitarbeiter wissen, für welche Ziele sie sich bemühen. Die Mitarbeiter fühlen mit, sie leben mit. Lassen Sie Ihre Mitarbeiter nicht im Unklaren. Berichten Sie einmal im Jahr vor versammelter Mannschaft, was erreicht wurde und welche neuen Ziele und Teilziele angestrebt werden. Vorsicht: zu hohe Ziele, die nicht oder nur sehr schwer zu erreichen sind, haben den entgegengesetzten Effekt – sie demotivieren.

Vermitteln Sie den Mitarbeitern Stolz auf das Erreichte, indem Sie besondere Leistungen des Unternehmens und der Mitarbeiter in Firmenzeitungen und bei Versammlungen herausstellen. Zeigen Sie Visionen und langfristige Ziele auf: „Wohin wollen wir?“ Sprechen Sie dabei das „Wir-Gefühl“ an.

Motivierend kann sein, die Belohnung für gute Gesamtleistung aufzuzeigen, die Sicherheit der Arbeitsplätze herauszustellen, bessere, ergonomische, umweltfreundliche, gesunderhaltende Arbeitsplätze zu gestalten, das Gefühl zu geben „Wir kümmern uns um die Mitarbeiter“, Ausbildung anzubieten, Sicherheitsstandards einzuführen, Arbeitsunfallverhütungsprogramme aufzuzeigen.

Die Zielsetzung wird also für das gesamte Unternehmen definiert.

Unternehmensziele können sein:

- qualitativ das führende Unternehmen am Markt werden
- besonders guten Service für Kunden als herausragendes Merkmal erreichen
- innovative Produkte entwickeln
- ein bestimmtes Umsatzziel erreichen
- einen neuen Markt bearbeiten

Teilziele können sein:

- ein bestimmtes Quartalsergebnis erreichen
- ein neues Produkt produzieren
- einen neuen Kundenkreis aufbauen
- ein Produkt im Markt positionieren
- ein Umzug in neue Büroräume oder in ein eigenes Bürogebäude

Die Zielsetzung und Zielerreichung muss daher den Mitarbeitern mitgeteilt werden. Dies ist eine sehr gute Gelegenheit, die ersten Aktionen zu starten, die motivierend wirken. Es genügt eine Mitarbeiterversammlung ein- bis zweimal jährlich, in der Manager den Mitarbeitern die Firmenziele und das bisher Erreichte präsentieren.

Kommunikation im Unternehmen

Die Kommunikation im Unternehmen ist besonders wichtig. Durch einen offenen Austausch von Information vermeiden Sie, dass sich eine Gerüchteküche aufbaut. Die Mitarbeiter erfahren, was im Unternehmen abläuft, und die natürliche Neugier wird befriedigt.

Informationsmittel können sein:

- Eine periodische Firmenzeitung
  - Erreichtes wird darin bekannt gegeben
  - neue Kollegen werden darin vorgestellt
  - Kundenporträts werden dort aufgeführt
  - besondere Erfolge werden hervorgehoben
  - Mitarbeiter werden für besondere Leistungen gewürdigt
  - langjährige Mitarbeiter werden geehrt
- periodische Meetings, in denen informiert wird
- regelmäßige Memos
- abteilungsspezifische regelmäßige Informationen

Die Betonung liegt bei allen Maßnahmen auf der Regelmäßigkeit. Der Mitarbeiter erwartet (neugierig) die neuesten Nachrichten. Beobachten Sie, wie die Mitarbeiter nach der Verteilung von Firmenzeitungen sofort zu lesen beginnen und Teile des Inhalts diskutieren.

Belobigungen und Auszeichnungen

Kleine materielle Preise für gute Leistungen oder Auszeichnungen finden meistens großen Anklang bei Mitarbeitern. Wenn diese Belobigungsinstrumente mit Stil und überlegt eingesetzt werden, kann dies mehr zur Motivation beitragen als alle anderen Maßnahmen. Leider wird diese Möglichkeit zu wenig eingesetzt. Anstecknadeln für langjährige Firmenzugehörigkeit oder für besondere Leistungen im Verkaufsbereich werden stolz getragen und fördern die Identifikation mit dem Unternehmen.

Wichtig dabei ist die feierliche Übergabe vor den Kollegen, eine Gelegenheit, zu den Mitarbeitern zu sprechen, zu Leistungen durch das Vorbild des ausgezeichneten Kollegen zu motivieren. Es entsteht dadurch das „Ich will das auch"-Gefühl bei den Mitarbeitern.

Einige weitere Möglichkeiten können sein: Mitsprache, Hilfe bei privaten Problemen, Verbesserungen in der Büroeinrichtung, Kantine, Firmensport, Miteinbezug des Betriebsrats in die verschiedenen Aktivitäten, Betriebsausflüge.

All diese Möglichkeiten können in Unternehmen eingesetzt werden. Das wichtigste Gut, nämlich der Mitarbeiter, soll auch die beste Pflege erhalten! Nur dann werden konstant gute oder gar außergewöhnliche Leistungen erbracht.

Auf den Punkt gebracht heißt das:

Bedürfnis:	Die Mitarbeiter wollen wissen, was man von ihnen erwartet.
Aktion:	*Sagen Sie es den Mitarbeitern!*
Bedürfnis:	Mitarbeiter wollen Erfolg.
Aktion:	*Geben Sie dem Mitarbeiter Ziele und eine Chance, diese zu erreichen!*
Bedürfnis:	Mitarbeiter wollen beachtet werden.
Aktion:	*Geben Sie dem Mitarbeiter Zuwendung und beachten Sie ihn!*
Bedürfnis:	Mitarbeiter wollen Anerkennung.
Aktion:	*Sagen Sie „Danke!" oder „Gut gemacht!"* *Ein „Danke!" kann mehr bewirken als eine ganze Reihe von Motivationsmaßnahmen!*
Bedürfnis:	Mitarbeiter brauchen Ihre Fürsorge.
Aktion:	*Sorgen Sie sich um Ihre Mitarbeiter, und diese werden positiv reagieren!*

Zusammenfassung

1. Motivation ist ein permanenter geplanter Prozess und besteht aus einer Vielzahl von Aktivitäten.
2. Motivation wird in der Firmenzielsetzung mit verschiedenen Aussagen und Aktionen festgelegt.
3. Alle Mitarbeiter werden für das motivierende Verhalten und Agieren trainiert.
4. Motivation kostet wenig, bringt dem Unternehmen jedoch eine bessere Arbeitsleistung.

7. Woher die Zeit nehmen?

Um mit unserer Zeit sinnvoll umzugehen, benötigen wir Ausdauer, ein klares Bewertungssystem und Entscheidungsfähigkeit, damit sich unsere Energie nicht in ziellosen Aktionen erschöpft. Und wir benötigen vor allem eine klare Vorstellung von unseren Zielen, einen geordneten Plan und Selbstdisziplin, um Fehlverhalten abzulegen oder diesem vorzubeugen.

Beginnen Sie Ihre Zeitinventur mit einem Überdenken Ihres Tagesablaufs. Analysieren Sie kritisch Ihre Gewohnheiten, die Ihre Tageszeit verkürzen. Dazu gehören Unordnung und planlose Hast, unnötiges Antreiben, Leere und Langeweile, überzogene Ruhezeiten und sinnlose Tätigkeiten.

Ein Telefongespräch kann zum Zweck der Nachrichtenübermittlung zwei Minuten oder zum Zweck der Unterhaltung 20 bis 30 Minuten dauern. Beobachten Sie vorerst, mit welchen Dingen Sie die meiste Zeit beschäftigt sind. Beginnen Sie aufzuschreiben, womit Sie Ihre Tage verbringen, indem Sie alle Tätigkeiten schriftlich unter exakter Angabe der Dauer erfassen. Um diese Inventur kommen Sie nicht herum! Sie ist für jeden Geschäftsmann einmal im Jahr und bei Geschäftsbeginn selbstverständlich. Führen daher auch Sie mindestens 14 Tage lang (oder dreimal wöchentlich über vier Wochen) ein Zeittagebuch, um festzustellen, wie viel Zeit für welche Tätigkeiten benötigt wurde.

Die Auswertung wird Sie überraschen. Erfahrungsgemäß münden 20 Prozent der aufgewendeten Zeit in 80 Prozent der Ergebnisse, die restlichen 80 Prozent bringen dann nur noch 20 Prozent der Ergebnisse (Pareto-Prinzip). Das heißt, schon mit 25 Prozent unse res Energieeinsatzes könnten wir das schaffen, was wir uns vorgenommen haben, nämlich 100 Prozent.

Eine andere Erkenntnis Ihrer Aufzeichnungen wird vielleicht sein, dass Sie sich gerne von anderen stören oder in Beschlag nehmen lassen, dass bestimmte Tätigkeiten unnötig Zeit in Anspruch nehmen, dass Sie täglich Dinge tun, die einmal pro Woche getan werden können, dass Sie alles alleine machen wollen („Wenn ich es nicht tue, tut es niemand") und nicht ausreichend delegieren. Der nächste Schritt führt zu dem Wissen, wie viel Zeit für bestimmte Dinge unbedingt erforderlich ist und nicht unterschritten werden darf, ohne das Ergebnis zu gefährden.

Machen Sie sich auf jeden Fall nach den ersten Monaten eine Aufstellung der Stunden, die Sie für die einzelnen Aufgaben benötigen. Um eine solche Auswertung zu ermöglichen, legen Sie sich einen Block zurecht, auf dem Sie alle Arbeiten notieren:

- Besprechungen
- Telefonate
- Personalgespräche
- Briefe verfassen
- Statistiken studieren
- Post bearbeiten
- E-Mails bearbeiten
- PC bedienen usw.

Je genauer Sie das erfassen, umso besser werden Sie Ihre Arbeitszeit in den Griff bekommen, damit haben Sie ein Mittel zum Optimieren, zur Zeitplanung.

Wenn Sie entsprechend delegieren und Ihre Zeit im Griff haben, bleibt Ihnen genug Freiraum, und Sie werden immer eine offene Tür für die Belange Ihrer Mitarbeiter haben. Sie hören zu, werden informiert, führen die Mitarbeiter zu Lösungen, geben Anleitung und coachen Ihre Mitarbeiter. Und Sie können sich besser Ihren Aufgaben widmen und haben auch Zeit, vor Ort beim Kunden zu sein.

Ein guter Manager hat immer Zeit,
weil er diese kontrolliert und plant!
Ein Manager, der nie Zeit hat, plant seine Zeit falsch!

Zielsetzung und planerische Erfassung der für die Erfüllung notwendigen Arbeitsschritte sind die wichtigsten und unerlässlichsten Instrumente nicht nur des Unternehmers, sondern jedes erfolgreichen

Menschen! Alle Ziele müssen klar formuliert und schriftlich erfasst werden. Sie müssen eindeutig erkennbar in ihrer Durchführung festgelegt und mit Terminen zur Überprüfung versehen sein. Wird nicht bei jedem Geschäft der Übergabetermin vereinbart, die Beschaffenheit der Ware sowie alle Geschäftsbedingungen klar niedergelegt? Ebenso muss auch jedes persönliche und wirtschaftliche Ziel eindeutig festgelegt und in seiner Durchführung genau geplant sein.

Wer sein Ziel nicht kennt, wird nie ankommen! Sie können ankommen, wenn Sie die vier Ziele-Regeln beachten:

Tipp!

1. **Notieren Sie alle Ziele schriftlich!**
2. **Planen Sie die erforderlichen Schritte schriftlich!**
3. **Legen Sie bei der Planung Termine und Arbeitsmodus schriftlich fest.**
4. **Kontrollieren und notieren Sie regelmäßig, ob die Ziele erreicht wurden.**

Wie man die Zeit einteilt

Richtige Zeiteinteilung im positiven Sinne bedeutet, die richtigen Dinge im richtigen Moment zu tun und ihnen den gebührenden Zeitrahmen zuzuweisen. Doch wie findet man diese wichtigen Dinge heraus? Nun, das ist ganz einfach. Die wichtigen Dinge sind alle Aufgaben und Tätigkeiten, die der Aufgabenerfüllung und damit Ihren Zielen dienen. Wenn Sie lange Bewerbergespräche mit Menschen führen, die Ihnen zwar empfohlen wurden, die jedoch aufgrund ihrer Qualifikation für die vorgesehenen Aufgaben völlig ungeeignet sind, kommen Sie Ihrem Ziel, eine Arbeitskraft zu finden, nicht näher. Wenn Sie Werbemaßnahmen ergreifen, ohne das Produkt genau zu kennen, ist der Zeitpunkt für diese Arbeit falsch gewählt. Wenn Sie eine Geschäftsreise nach Belgien planen und sich im Reisebüro günstige Urlaubsangebote anderer Länder erläutern lassen, haben Sie keinen Nutzen für die Geschäftsunterlagen. Fragen Sie also bei jeder Tätigkeit, ob sie zu diesem Zeitpunkt für die Zielerfüllung dienlich ist.

Wie findet man den gebührenden Zeitrahmen? Dafür benötigen Sie die Ergebnisse Ihrer Zeitinventur. Wenn Sie nicht wissen, wie viel Zeit Sie Ihren Aufgaben zubilligen müssen, können Sie die Arbeiten nicht planen und keine Zeit gewinnen. Ermitteln Sie daher wiederholt die bisher notwendige Zeit für bekannte Arbeiten, und schätzen Sie die Zeit für neue Aufgaben. Unrealistische Planungszeiten programmieren Misserfolge, und diese wirken sich auf weitere Zielsetzungen negativ aus. Nehmen Sie daher die Zeitvorgaben wichtig, denn ohne sie ist eine erfolgreiche Zeiteinteilung ebenso nutzlos wie die Planung eines Hausbaus ohne Kostenvoranschlag. Mit Ihren Zeiterfahrungswerten können Sie jedoch leicht eine neue Zeitordnung für die Ihnen zur Verfügung stehende Zeit vornehmen. Sie benötigen dazu

- die Planung nach Tätigkeiten und Priorität (Bezeichnung und Wichtigkeit),
- die für die Arbeitsabläufe benötigte Zeit (Tage, Stunden, Minuten).

Tagesplanung

Ordnen Sie dann den Tagesablauf nach folgenden Kriterien:

1. Arbeiten, die unbedingt von Ihnen sofort erledigt werden müssen, haben oberste Priorität. Planen Sie die Reihenfolge der Tätigkeiten, und halten Sie sich konsequent daran. (Was nicht geschafft wird, gehört nicht in den Feierabend, sondern auf den nächsten Tag.)
2. Alles, was delegiert werden kann, wird delegiert.
3. Veranschlagen Sie für alles die doppelte (!) Zeit, als die Erfahrungszeit bescheinigt. Sie benötigen immer Freizeiten, um auf Unvorhergesehenes flexibel reagieren zu können. (Das Gefühl, genügend Zeit zu haben, lässt Sie überlegener und konzentrierter arbeiten.)
4. Legen Sie Routinearbeiten in Ihre „müden" Tagesphasen, aber Wichtiges in die Morgenstunden. Es ist also von Vorteil, wenn Sie Ihren Lebens- und Biorhythmus kennen und berücksichtigen.
5. Planen Sie Pausenzeiten, auch die kleinen, mit ein. Der Organismus erholt sich in wenigen Minuten, doch ohne Zwischenpausen

verbrauchen Sie unnötig Energie, um Ihr Energieniveau aufrecht zu halten.

6. Planen Sie auch die schönen Dinge des Tages, und genießen Sie die Perspektive auf Ihren Feierabend, den Tagesausklang. Besser noch, freuen Sie sich bei jeder sich bietenden Gelegenheit: Wenn Ihnen etwas Besonderes geglückt ist, ein Kollege gut gelaunt ist, die Sonne Ihren Arbeitsplatz erreicht, ein schwieriger Vertragsabschluss unter Dach und Fach ist usw. Alles kann zur Freude verwendet werden, wenn Sie es richtig wahrnehmen. Freude motiviert, stimuliert den Organismus und Ihre unmittelbare Umgebung, baut Stress ab und lässt die Arbeit leichter von der Hand gehen.
7. Führen Sie diese Tagesplanung konsequent und wirklich immer täglich durch. Eine Möglichkeit ist, sich bereits am Vorabend einen Überblick für den kommenden Tag zu verschaffen und das Fein-Timing bei der morgendlichen Tagesplanung mit der Sekretärin vorzunehmen.

Der Planungsaufwand bedeutet keinen zusätzlichen Zeitverlust, sondern er verkürzt nachweislich die Arbeitszeit: Die Arbeiten werden zügig erledigt, Unschlüssigkeiten, unnötige Überlegungen, Suchen und Entscheiden (ob überhaupt?) entfallen.

Zeit sparende Arbeitsmethoden

Sicher werden Sie schon bemerkt haben, dass der Schreibtisch eines Topmanagers immer leer und aufgeräumt erscheint. Er erledigt alles möglichst mit dem ersten Arbeitsgang und ordnet es entsprechenden Arbeitsabläufen zu. So entfernt er störende Ablenkungen aus seinem Blickfeld, die seine Wahrnehmung beeinflussen und kreative Denkprozesse unterbrechen oder gar nicht erst in Gang kommen lassen würden.

Die folgenden Arbeitsmethoden bringen Zeitersparnis:

1. Arbeiten Sie systematisch, erledigen Sie die Dinge nacheinander! Gleich bleibende oder ähnliche Arbeiten werden zusammengefasst und im Block bearbeitet (Briefe, Telefonate): Checklisten

sind für wiederkehrende Routinearbeiten ebenso unerlässlich wie Farbmarkierer oder Haftnotizen für die Postbearbeitung.

Bereiten Sie Arbeitsgänge vollständig vor. Vermeiden Sie Störungen! Halten Sie Ordnung, sorgen Sie dafür, dass alle Dinge ihren festen Platz sowohl im Raum als auch im Zeitablauf bekommen. Das spart Ihnen unnötiges Suchen, Zeit und Ärger.

„Die Seele jeder Ordnung ist ein großer Papierkorb.“ (Kurt Tucholsky)

2. Ziel für einen stressfreien Arbeitstag ist ein immer leerer Posteingangskorb in Ihrem E-Mail-Account. Wie wird das erreicht?

   Zunächst ist wichtig, Mails nicht zwischendurch, sondern dann zu bearbeiten, wenn dafür Zeit ist. Lassen Sie sich nicht dauernd durch eingehende Mails von Ihrem Tagesplan abbringen.

   Reservieren Sie täglich eine fest geplante Stunde ausschließlich für die Mailbearbeitung (Blockbearbeitung!). Mit einem Unterordnersystem kann man wichtige Mails nach Aufgaben und Themen archivieren.

   Für die Mailbearbeitung ist folgende Vorgehensweise empfehlenswert:

   - Mails, die nicht direkt an Sie gerichtet sind, werden gelesen und gelöscht.
   - CC-Mails dienen nur der Information; sie werden gelesen und gespeichert oder gelöscht.
   - Spams, die durch den Spamfilter gerutscht sind, werden grundsätzlich gelöscht.
   - Hausinterner Spam ist recht verbreitet, nicht jede Rundmail muss tatsächlich gelesen werden.
   - Was bleibt, sind Mails, die einer Bearbeitung bedürfen, eventuell auch erst später. Trotzdem müssen diese Mails aus dem Posteingang raus.

Diese Mails werden in den Aufgabenordner verschoben. Finden Sie einen markanten Betreff, setzen Sie das Erledigungsdatum fest und nehmen Sie eine Priorisierung vor.

Hinweis: Jede Mail kann man sich nochmals senden lassen. Außerdem werden Mails in den meisten Unternehmen automatisch gesichert.

3. Arbeiten Sie ökonomisch! Belasten Sie sich nicht mit Informationen, die Sie nicht benötigen, oder mit Arbeiten, die andere machen können.

   Gewichten Sie (am Tagesbeginn oder schon vorher) bei der Planung alle Arbeiten nach Wichtigkeit und Dringlichkeit. Dringende Arbeiten können auch von anderen oder zu anderen Zeiten erledigt werden, sie stören häufig unseren Tagesplan und sollten nur dann wichtig werden, wenn es die Umstände erfordern.

Prüfen Sie immer wieder, ob Arbeitsgänge noch wichtig und sinnvoll sind. Lassen Sie diese eventuell wegfallen.

Finden Sie Ihre Tagesbestzeiten heraus. Versuchen Sie, Ihre Zeiteffizienz zu erhöhen, indem Sie sich Ihrer inneren Uhr anpassen, Ihre Hochleistungsphase für wirklich wichtige Aufgaben nutzen und für körperliche und geistige Beweglichkeit sorgen. Nach einem arbeitsreichen Tag kann man abends Aufgaben nicht mehr effektiv erledigen.

Spüren Sie bei immer wieder auftretenden zeitlichen Engpässen die Zeitkiller auf und arbeiten Sie systematisch an ihrer Beseitigung. Die Ursachen von Zeitverlusten nach A. Mackenzie sind:

- unklare Ziele, mangelnde Planung und Information
- Papierflut, schlechtes Ablagesystem, fehlende Management-Instrumente
- Routinearbeiten, Telefon, unnötige Sitzungen, Besucher
- Inkonsequenz, fehlende Entscheidungen, geringe Arbeitsmoral
- Schlendrian, Kaffeepausen, Bürokratismus
- mangelnde Prioritäten, Verfahrensrichtlinien und Delegation
- Lieblingsprojekte, nicht nein sagen können, Alleingang

Damit finden sich die häufigsten Gründe im Menschen selbst, in mangelnder Selbstkenntnis, Disziplin und Kontrolle. Bei einer konsequenten positiven Lebenshaltung, unterstützt durch mentales Training, werden Sie diese Fehler künftig vermeiden können.

Häufig gelingt die Zeitplanung im beruflichen Bereich besser als im Privatleben. Aber gerade hier nisten sich die gleichen Zeiträuber ein. Ein partielles Zeitmanagement kann nie zu einem dauerhaften Gesamtmanagement führen, da die Übergänge und Zusammenhänge von Arbeits- und Freizeit fließend sind. Richten Sie Ihre Arbeitsmoral und Einstellung danach aus, was für Ihr Leben positiv, richtig und damit sinnvoll erscheint. Sie werden Ihre Fähigkeiten und Vorlieben erkennen und schätzen lernen, die beste Voraussetzung für Erfolg und damit für die Erfüllung Ihrer Ziele!

Planen Sie Ihre Zeit. Auch für sich selbst. Beobachten Sie Ihre Zeitbilanz. Organisieren Sie die Zeit

- für die Arbeit,
- mit der Familie,
- mit Freunden,
- für den Sport,
- für Ihre Entspannung.

Die Missachtung der Planung rächt sich mit Sicherheit. Entweder kommen Sie mit Ihrer Arbeitszeit nicht zurecht, oder Sie haben keinen Kontakt mehr zu Freunden und keine Zeit mehr für Familie, Sport und sich selbst.

Die Folgen falscher Zeitplanung

Falsche Zeitplanung führt zu Stress, und dieser wirkt sich negativ auf Körper und Psyche aus. Alkohol- und Zigarettenkonsum, Medikamentenmissbrauch und falsche Ernährungsgewohnheiten verursachen Leistungsverfall, doch das ist leider zu oft das Bild in den heutigen Managerbüros.

Wer Alkohol trinkt, ist nicht in der Lage, ein Fahrzeug zu führen.

Wer Alkohol trinkt, ist nicht in der Lage, eine Abteilung oder Firma zu führen.

Deswegen während der Arbeitszeit: Kein Alkohol!

Planen Sie auch Zeit für Ihre Familie und Freunde ein, und nehmen Sie sich Zeit für sich selbst!

Mit dem Erreichen des Ziels, selbstbewusst über unsere Zeit bestimmen zu können und uns Freiräume zu schaffen, verfügen wir über wichtige Grundvoraussetzung: Wir besitzen genügend Zeit, um Dinge zu tun, die uns wichtig sind.

Füllen Sie die neu gewonnene Zeit nicht mit neuen Aufgaben, die Sie wieder in Leistungsdruck bringen. Behalten Sie die neu gewonnenen Freiräume, damit Sie aufmerksam bleiben, und zwar aufmerksam für neue Ideen. Damit entwickelt sich Ihre Lebensqualität.

Zusammenfassung:

1. Schreiben Sie Ihre Tagesbeschäftigung eine Zeit lang (etwa vier Wochen) täglich auf, um festzustellen, womit Sie die meiste Zeit des Tages verbringen. Wiederholen Sie diese Kontrolle periodisch alle Jahre wieder oder immer dann, wenn Zeitnot auftritt.
2. Kontrollieren Sie Ihren Zeiteinsatz permanent, indem Sie beobachten, wie Sie mit Ihren Aufgaben umgehen, wie Sie Ihre Aufgaben planen. Führen Sie ein Zeitplanbuch, planen Sie den Tagesablauf, und ändern Sie Ihre Gewohnheiten, sofern notwendig.
3. Setzen Sie Prioritäten, planen Sie schriftlich die Schritte (Teilziele, Termine, Aktionen), reagieren Sie flexibel bei langfristigen Projekten. Die Änderung von Plänen gehört zum Ablauf eines Projekts.

4. Die Zeitfalle hält uns immer davon ab, den Tagesplan einzuhalten. Selbstdisziplin ist dabei besonders wichtig. Störungen von außen müssen eingeplant werden.
5. Kontrollieren Sie sich selbst mehr als andere. Fixieren Sie diese Kontrolltermine schriftlich.
6. Erfüllen Sie sich Wünsche, tun Sie öfter Dinge, die Ihnen Spaß machen, und loben Sie sich für Ihre Erfolge oder „belohnen" Sie sich.

8. Planungsinstrumente: Businessplan und Forecast

Erstellung des Businessplans

Eine Ihrer wichtigsten Aufgaben ist die Kostenplanung und Kostenkontrolle für den Bereich, den Sie verantworten.

Grundlage für die Kontrolle der Kosten im Vertriebsbereich ist der Businessplan. In diesem Plan werden alle Kosten jeweils für ein Jahr im Voraus nach Kostenart, Kostenstelle und Monat (Periode) verschlüsselt. Manche Firmen planen nicht zwölf Monate, sondern dreizehn Perioden.

Für viele Manager ist das eine jährlich wiederkehrende ungeliebte Pflicht. Der Businessplan ist aber zu wichtig, um als lästige Pflicht erledigt zu werden. Jede Abteilung führt diese Kostenplanung durch, diese Daten werden konsolidiert und sind die Grundlage für die jährliche Planung und Kontrolle des gesamten Unternehmens.

Die Grundlage für den Businessplan sind die kurz- und langfristigen Ziele des Unternehmens einschließlich der geplanten Aktivitäten und der Kosten, die diese verursachen. Diese stehen immer in Relation zu den erzielten Erträgen. In der Anlage zum Businessplan werden die Zahlen erklärt und Ziele und Aktivitäten der Abteilung für das Geschäftsjahr konkretisiert. Besondere Aktivitäten, die sich stark in den Kosten niederschlagen, werden erläutert.

Deswegen ist es sinnvoll, dass jeder Verkaufsleiter an der Erstellung des Plans verantwortlich beteiligt ist. Delegieren Sie die Aufgabe nicht an Mitarbeiter. Sicher erhalten Sie Informationen zum Erstellen des Plans von Ihren Mitarbeitern, aber die Verantwortung für die Richtigkeit des Plans liegt bei denen, die Entscheidungen treffen, bei den Managern.

Der Plan ist der verabschiedete Kurs, der einzuhalten ist. Nur wenn sich die Gegebenheiten in der Firma stark verändern, wird der Plan überdacht und gegebenenfalls modifiziert. Speziell dann, wenn die Umsätze nicht der Planung entsprechen, werden die Kosten angepasst. Der Plan kann folgende Inhalte haben: wirtschaftliche Trends, Marktentwicklungen, Personelles, Ziele und Teilziele und die finanzielle Planung.

Die finanzielle Planung ist der Fahrplan für das Geschäftsjahr und zeigt alle Aktivitäten und die damit verbundenen Kosten auf. Dabei werden die Kosten für Mieten, Gehälter, Telefon, Messen, Werbung, Spesen, Fahrzeuge und alle sonstigen Kosten so genau wie möglich geplant.

	Juni	Juli	August	September	Oktober	November	Dezember	Summe
Personal	144000,–	122000,–	122000,–	122000,–	122000,–	156000,–	124000,–	2525.000,–
Reise-kosten	14000,–	9000,–	9000,–	10000,–	11000,–	12000,–	13000,–	134000,–
Messen	20000,–				90000,–			170000,–
Direkt Mailings	12000,–		12000,–					48000,–
Firmen-wagen	10000,–	10000,–	10000,–	10000,–	10000,–	10000,–	10000,–	120000,–
Büromiete	6000,–	6000,–	6000,–	6000,–	6000,–	6000,–	6000,–	72000,–
Summe	206000,–	124500,–	159000,–	148000,–	239000,–	184000,–	153000,–	3069.000,–

Beispiel eines Budgets: Kostenaufstellung für die Monate Juni bis Dezember

Die Höhe der Kosten für den Vertriebsbereich wird nach kaufmännischen Gesichtspunkten errechnet und ist meistens abhängig vom erzielten Rohertrag des Umsatzes.

Die Buchhaltung beziehungsweise das Controlling gibt Ihnen die Kostenarten für die detaillierte Erstellung des Businessplans vor.

Nehmen Sie als Grundlage die Kosten des Vorjahres zu Hilfe; analysieren Sie die Zahlen, ändern Sie diese um den Wert der Veränderung, wie Gehaltserhöhungen, Preissteigerungen, geplante vertriebliche Aktionen und Umsatz des Planjahres.

Eine gute Vorbereitung des Businessplans ist zeitintensiv. Aber je genauer Sie den Plan erstellen, umso einfacher haben Sie es während des Geschäftsjahres. Lassen Sie sich beim ersten Mal vom kaufmännischen Leiter oder Controller helfen. Es wird Ihre Aufgabe sein, monatlich die Zahlen mit diesen Abteilungen zu besprechen und zu verantworten. Dabei werden die geplanten Kosten und Auftragseingänge sowie Umsätze monatlich mit den Planzahlen verglichen. Es ist Ihre Aufgabe, Abweichungen zu kommentieren.

Falls Sie während eines laufenden Geschäftsjahres in ein Unternehmen einsteigen, fragen Sie nach dem aktuellen Plan. Lassen Sie sich die aktuellen Zahlen und eventuelle Abweichungen von der Planung erklären. Falls in dem Unternehmen, in dem Sie beginnen, kein Plan vorhanden ist, erstellen Sie für die verbleibenden Perioden im Geschäftsjahr einen Businessplan.

Forecast

Einer der wichtigsten Berichte ist der Forecast für die kommenden zwölf Monate mit genauer Aufteilung der Zahlen in Bereiche, Produkte, Zeitabschnitte, besondere Projekte.

Eine von Verkaufsleitern selten geliebte Tätigkeit, die auf der Basis von Erfahrungswerten schnell zusammengeschustert wird. Wenn die Daten über mehrere Ebenen, vom Verkäufer über Gebietsverkaufsleiter, Gebietsleiter an den Verkaufsleiter in die Zentrale übermittelt werden, ist das Ergebnis meistens eine verfälschte Liste, die wenig mit der tatsächlichen zukünftigen Situation zu tun hat.

Für die Erstellung des Forecasts gibt es auch andere Möglichkeiten. Je nach Branche und Industrie werden Produktmanager oder speziell ausgebildete Mitarbeiter mit der Erstellung des Forecasts beauftragt. Bei Rahmenverträgen mit Kunden werden die Forecastdaten heute schon vom Kunden zusammengestellt und über Datentransfer übermittelt.

Für die Planung der Produktion ist der Forecast ein wichtiges Instrument.

Bei einem Unternehmen, das ich beraten habe, sanken die Umsatzzahlen trotz eines innovativen und technologisch überlegenen Produkts. Die Analyse ergab, dass der Forecast über einen Zeitraum von mehreren Jahren um 50 Prozent unter den tatsächlichen Aufträgen lag. Nachdem die Lieferzeit der Materialien für die Produktion etwa vier Monate betrug, war die Produktion immer weit hinter dem Auftragsbestand. Teilweise ergaben sich dadurch für den Endkunden nicht akzeptable Lieferzeiten, und es wurden die sofort lieferbaren Produkte der Mitbewerber bestellt. Nach Einführung eines funktionierenden Forecast-Systems konnten die Produkte termingerecht geliefert werden. Dem Erfolg des Unternehmens stand nichts mehr im Weg.

Ebenso kann der umgekehrte Effekt eintreten: Der Forecast wird zu hoch angesetzt, und die Fabrik produziert auf Lager. Deshalb ist der Forecast so genau wie möglich auszuarbeiten.

Die Vertriebsabteilung übernimmt mit der Erstellung des Forecasts eine hohe Verantwortung. Jeder Forecast ist nur eine Schätzung der zukünftigen Aufträge. Aber je besser Sie Ihren Bereich beherrschen, umso genauer kann der Forecast erstellt werden. Die Abweichung des Forecasts vom tatsächlichen Auftragseingang sollte so klein wie möglich sein.

Bei Verbrauchsgütern wird auch teilweise mit Roherträgen von wenigen Prozenten kalkuliert, eine zweistellige negative Abweichung vom Forecast kann in diesen Fällen ein beachtliches Problem mit sich bringen. Es kann sogar über die Existenz der Firma entscheiden.

Je weiter der Forecast zeitlich entfernt ist, umso ungenauer darf er sein. Das könnte ungefähr folgendermaßen aussehen:

- Einen Monat vor Produktion muss der Forecast typengenau stimmen.
- Zwei Monate vor Produktion darf der Forecast um ± 10 Prozent abweichen.
- Drei Monate vor Produktion darf der Forecast eine Abweichung von ± 20 Prozent enthalten.

Für eine bestimmte Menge wird eine Fertigungskapazität reserviert. Der Forecast zeigt die Auslastung der Fertigungskapazität an und beeinflusst den Bestellvorgang für Rohgüter.

Im Hinblick auf die Beschaffungsdauer der Teile für die Produktion muss der Forecast so genau wie möglich sein! Das heißt, das Einzelteil mit der längsten Lieferzeit in der Produktion gibt die Zeit vor, in dem der Forecast typengenau stimmen muss.

Beispiel eines Forecasts:

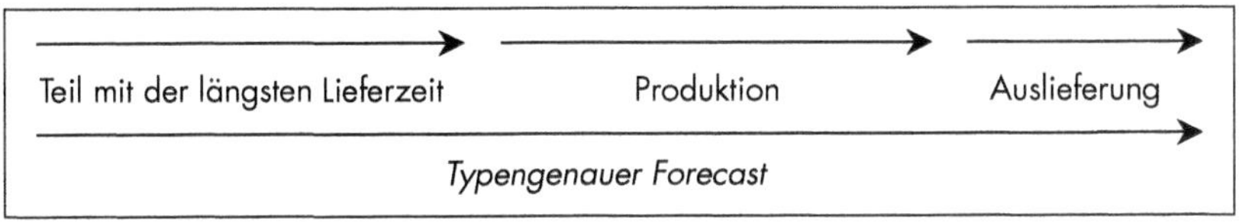

Wenn die längste Lieferzeit eines bestimmten Produkts vier Wochen beträgt, so kann die Produktion nur mit einer Vorlaufzeit von maximal vier Wochen geändert werden. Der Forecast muss für den Zeitraum der Lieferzeit der Teile und für den Produktionszeitraum genau stimmen.

Erstellung eines Forecasts mit Kennziffer

Im Forecast werden alle aktuellen Projekte nach Wahrscheinlichkeit aufgelistet. Die Bewertung der Wahrscheinlichkeit kann nach folgendem Muster erfolgen:

30 Prozent = Verkäufer hat Interessent besucht, dieser hat Bedarf, wünscht Angebot

50 Prozent = Angebot abgegeben, das Angebot wird beim Kaufentscheid weiter berücksichtigt

70 Prozent = Angebot unter den letzten drei Bewerbern um den Auftrag, es wird weiter verhandelt

90 Prozent = Interessent führt Abschlussgespräche und sagt Auftrag zu

Ein vereinfachtes Beispiel eines Forecasts:

Kunde/Projekt	Wert	×	Wahrschein-lichkeit	Kennziffer
Maier	100		70	70
Müller	66		50	33
Huber	50		90	45
Herber	32		50	16
Hofer	28		50	14
Sammler	22		70	15
Kurz	34		70	24
Wurmer	89		90	80
Dorner	138		50	69
Berger	100		30	30
Lang	100		50	50
Gerne	100		70	70
Flammer	100		90	90
Bank A	100		50	50
Autohandel	100		90	90
Fabrik	44		70	30
Stadtverwaltung	100		30	30
Kugler	100		50	50
Angebotssumme	**1 403**		**Kennziffer**	**856**

Die Kennziffer ergibt sich aus dem

Angebotswert × prozentueller Wahrscheinlichkeit

und gibt den wahrscheinlichen Auftragswert an. Wenn der Forecast exakt erstellt wird, kann mit dieser Kennziffer ziemlich genau der zu erwartende Auftragseingang errechnet werden. Diese Zahl nähert sich meistens dem tatsächlich erzielten Auftragseingang an. Die Aufteilung nach Produkten, Perioden und anderen Daten kann je nach Markt und Produkt unterschiedlich sein. Die Liste kann auch nach Aufträgen je Monat, nach Wert oder nach Produkt sortiert werden. Fragen Sie nur so viele Daten ab, wie mit normalem Arbeitsaufwand erstellt werden können und wie Sie wirklich monatlich brauchen. Interessant ist auch die Aufschlüsselung der Wahrscheinlichkeit nach Monaten. Daraus ersehen Sie, wie die projizierten Aufträge immer weiter nach hinten wandern. Ein gängiger Effekt, der aber in Gesprächen mit dem Verkauf verbessert werden muss.

Forecast = Je weiter die Zukunft entfernt ist, desto rosiger erscheint sie.

Um die höchstmögliche Genauigkeit zu erreichen, müssen die Verkäufer im Erstellen von Forecasts geschult werden. Nur wenige Vertriebsmitarbeiter können ohne Anweisung einen vernünftigen Forecast erstellen. Häufig werden Projekte absichtlich in der Wahrscheinlichkeit tiefer eingestuft oder einige Projekte einfach verschwiegen (im Verkäuferjargon: es wird gemauert). Dies geschieht aus mangelndem Verständnis für Sinn und Zweck der Forecasterstellung.

Daher ist es wichtig, die Mitarbeiter über die Bedeutung von Forecasts zu informieren.

Auf keinen Fall dürfen Forecasts für Kritik- und Beurteilungsgespräche herangezogen werden. Dann erhalten Sie garantiert Zahlen, die aus Angst vor einer Diskussion falsch sind.

Wie bei der Qualitätssicherung beginnt die Auftragssicherung so früh wie möglich. Dazu werden die Zahlen wie Besuchsfrequenz und Bewertung der Besuche, der Angebote und der Besuchsplanung, ebenso das Verhältnis von Besuchen, Angeboten und Aufträgen herangezogen. Mit diesen Informationen werden Verkäufer beurteilt, und nur diese Zahlen werden bei Beurteilungsgesprächen herangezogen.

Zusammenfassung

1. Der Businessplan dient zur Planung und Kontrolle der Kosten.
2. Sie erstellen den Plan selbst, da Sie auch die Verantwortung für diese Kostenstelle haben.
3. Je sorgfältiger Sie planen, umso weniger Abweichungen ergeben sich.
4. Abweichungen vom Businessplan müssen kontrolliert, der Plan insgesamt gegebenenfalls modifiziert werden.
5. Forecast und andere Zahlen sind eines der wichtigsten Werkzeuge des Verkaufsleiters.

9. Vertrieb & Neue Kommunikationsmedien

Internet

Vor wenigen Jahren noch unvorstellbar, hat die schnelle Entwicklung des Computerzeitalters die Vertriebslandschaft und die weltweite Gesellschaft total verändert. Daten, Text und Sprache werden in einem Kommunikationssystem integriert. Eine Vision, die in den 70er Jahren von Kommunikations-Gurus vorausgesagt wurde und nun Wirklichkeit geworden ist.

Der Personalcomputer, das Internet und der WLAN-fähige Handheld haben diese Integration innerhalb weniger Jahre möglich gemacht. Und die Entwicklung geht rasant weiter. Wer nicht mitmacht, bleibt auf der Strecke. Der Produktzyklus in der Computerindustrie liegt bei weniger als drei Monaten. Die Performance der Computer- und Kommunikationsindustrie verdoppelt sich binnen eines knappen Jahres.

Die Net-Community schafft neue Verkaufskanäle, bringt neue Marketing-Grundregeln und neue Formen der Kommunikation und Kundenansprache. Der Verkaufszyklus wird dadurch kürzer, und mit dem richtigem Einsatz der neuen Kommunikation sind x-fach höhere Wachstumsraten möglich. Der Wettbewerb in der Net-Community ist sprichwörtlich grenzenlos. Wer sich nicht klare Wettbewerbsvorteile durch Technologie-, Markt- oder Wissensführung sichern kann, wird es schwer haben, zu überleben. Das Management hat die Aufgabe, die Unternehmensführung auf die bestehenden und zukünftigen Anforderungen der neuen Technologien auszurichten. Diese neuen Technologien – ausgelöst durch das Internet – sind der eigentliche Gewinn für die Unternehmen.

Damit wird der PC zu einem der wichtigsten Werkzeuge für den Verkaufsleiter. Viele Aufgaben, die vorher von der Sekretärin und von Mitarbeitern erledigt wurden, werden teilweise oder gänzlich von Software-Programmen übernommen. Informationen werden mit Mitarbeitern, Kunden und Lieferanten über das Internet direkt und schnell ausgetauscht.

Der heutige Verkaufsleiter muss die wichtigsten Standardprogramme wie Tabellenkalkulation, Textverarbeitungsprogramm, Internetbrowser und Präsentationsprogramm bedienen können.

Bei einem meiner Kunden stellte ich fest, dass der verantwortliche Manager alle ankommenden E-Mails von der Sekretärin ausdrucken ließ und die Antworten auf das Diktiergerät sprach. Die Sekretärin musste dann die Antworten eintippen. Das ist natürlich nicht der gedachte Ablauf im Internetgebrauch. Die heutige Technologie fordert, dass der Manager selbst in die Tasten greift, die E-Mails liest, Antworten verfasst und aus den Informationen resultierende Aktionen und Termine in den Terminkalender eintippt.

Zeitersparnis durch den Einsatz von Office-Software

Bei korrekter und konsequenter Nutzung von spezieller Software sind enorme Produktivitätsgewinne und Kostensenkungspotenziale möglich. Durch den Einsatz von Office-Software ergeben sich zahlreiche Möglichkeiten, um Informationen und Wissen über Kunden und vertriebliche Aktivitäten einfach und schnell aufzubereiten, zu speichern und für die vertriebliche Arbeit zu nutzen. Über längere Zeit verdichten sich so hohe Informationswerte über Kunden, Kundenverhalten, Kaufverhalten und andere aus diesen Daten mögliche Analyseergebnisse.

Wenn die grundsätzliche Bereitschaft, Daten zu managen, vorhanden ist, kann eine Reihe von Programmen eingesetzt werden. In der Vertriebsorganisation werden heute Programme für Textverarbeitung, Präsentationssoftware, Tabellenkalkulation, CRM, Mail- und Zeitmanagement verwendet. Das grundlegende Prinzip ist die zentrale Bereitstellung jeder Form von Daten auf einem Server mit den zentralen Kunden- oder Projektdatenbanken. Die Groupware bietet spezielle Software oder Funktionen, mit deren Hilfe die Arbeit in einer Gruppe vereinfacht wird. Zum Beispiel können in einem Gruppenkalender alle Termine der Firma oder einer Arbeitsgruppe verwaltet werden. Bei Einsatz von Web-Publishing werden Inhalte für die Vertriebsmitarbeiter für einen Browser aufbereitet, und der Zugriff auf diese Daten ist auch beim Kundenbesuch oder im Home-Office möglich. Dann können traditionelle Medien wie zum Beispiel die gedruckte Produktbeschreibung, Preislisten, Lagerlisten, Produktionsdaten, Telefonverzeichnisse und Handbücher durch Zugriff über Browser und Internet oder Intranet ersetzt werden.

Die am meisten verwendete Software ist die Office-Software „Outlook“ von Microsoft oder „Open-Office“ von Sun Microsystems. Diese bieten umfangreiche Funktionen, die ein effizientes Zeitmanagement und eine einfache Selbstorganisation ermöglichen. Outlook ist heute der Kommunikationsstandard für die firmeninterne und -externe Kommunikation. Open-Office ist die kostengünstigere Variante, die fast die gleichen Funktionen bietet.

In den Grundfunktionen leicht erlernbar, bieten diese Programme eine Vielzahl an wichtigen Möglichkeiten, die die Vertriebstätigkeit vereinfachen und unterstützen.

Neben umfangreichen E-Mail-Funktionen, Verwalten von Terminen, Speichern von Kontakten, Erstellen von Aufgaben und Notizen können diese Programme die Vertriebsorganisation effektiv unterstützen. Sie helfen bei der Erledigung von Routineaufgaben, bei der effizienten Verwaltung von Kunden- und Kontaktdaten von zentraler Stelle aus sowie bei der Erstellung professioneller Marketingmaterialien.

Man kann damit Vorlagen für eine „Cooperative Identity“ für alle internen und externen Kommunikationsformen wie Mails, Briefe, Notizen und Präsentationen verfügbar machen.

Der „Business Contact Manager“ – eine Erweiterung von Outlook – bietet eine Lösung zur Verwaltung von Kunden und Kontakten. Es erlaubt das Prognostizieren von Umsätzen und Priorisieren von Aufgaben, Erstellen und Überwachen von Verkaufsberichten, von Forecasts und professionellen Marketingmaterialien. Zusätzlich ermöglicht es die Verwaltung und Verfolgung von Marketingkampagnen.

Welchen Einfluss hat diese Entwicklung auf unsere tägliche Verkaufsarbeit? Sie müssen sich auf die veränderten Gegebenheiten schnell einstellen bzw. umstellen. In dieser schnelllebigen Welt ist die Interaktion mit Kunden und Lieferanten und auch innerhalb des eigenen Unternehmens mithilfe der neuen Medien für den Erfolg am Markt ausschlaggebend.

Welchen Nutzen hat das Internet für Sie und Ihre Verkäufer?

- Unterstützung und Erleichterung der täglichen Vertriebsarbeit durch konsequente Nutzung des Informationspools des Internet.
- Schnelle Kommunikation via Internet mit Verkäufern, Kunden, Kollegen und Lieferanten.
- Verfügbarkeit der aktuellen Daten am PC im Büro oder am Laptop.
- Vermeidung von Papierbergen, die man im Büro generiert oder zum Kunden mitnehmen muss.
- Ständige Verfügbarkeit der aktuellen Daten.
- Genauere Aussagen zu Produkten, Lieferzeiten und Preisen.
- Schnelle Weitergabe von Bestellungen im Internet.
- Erstellung und Abgabe von Angeboten ohne Zeitverlust.
- Generierung von Folgeaufträgen durch den Zugriff der Kunden über ein Internet-Portal.

Diese Vorteile ergeben sich nur, wenn sie konsequent genutzt werden. Halten Sie Ihre Verkäufer an, diese Möglichkeiten zu nutzen. Zur Vorbereitung eines Verkaufsgesprächs werden die verfügbaren Informationen gesammelt.

Die Homepages der Kunden und Lieferanten geben oft umfangreiche Informationen über Struktur des Unternehmens, des Managements, der Produkte, die letzten Erfolge, Firmenzusammenschlüsse, Jahresberichte, Presseberichte, Kursverlauf bei AGs und über Auskunfteien auch kostenpflichtige Bewertungen des Unternehmens – alles ad hoc, aktuell und ohne Wartezeiten, vor dem Besuch als Teil der Besuchsvorbereitung.

Aus der Nutzung von eMarketplaces ergeben sich für Käufer und Verkäufer folgende Vorteile:

Für Verkäufer	Für Einkäufer
❒ sinkende Vertriebskosten	❒ sinkende Beschaffungsprozesskosten
❒ steigende Kundenzufriedenheit	❒ sinkende Materialkosten
❒ steigende Umsätze	❒ sinkende Inventurbestände
❒ verbesserte Profitabilität	❒ Gewinnung neuer Zulieferer

Auf beiden Seiten vollziehen sich die Prozesse schneller, einfacher, flexibler. Es wird eine starke Kundenbindung durch eine 7-Tage-24-Stunden-Erreichbarkeit möglich. Zusätzlich erfahren wir mehr über das Kundenprofil, das Kaufverhalten und erhalten mehr Informationen über die Anforderungen, Interessenten und Kunden.

Bedenken Sie aber auch:
Der Mitbewerber ist nur einen Mausklick entfernt!

Datawarehouse

Das Verbraucherverhalten ändert sich immer schneller, ist zunehmend zwiespältiger und schwer aus dem Bauch heraus vorhersehbar. Die Preisfindung für Produkte und Kategorien wird immer schwieriger und muss immer häufiger justiert werden. Trotz aller Bemühungen, die Aufgabenstellungen bleiben immer die gleichen:

- die richtige Ware zum richtigen Zeitpunkt am richtigen Ort in der optimalen Menge verfügbar zu haben,
- die Definition des optimalen Produktangebots,
- die optimale Ansprache des Kunden,
- der höchstmögliche Deckungsbeitrag.

Die dafür notwendigen Details bringt das DataWareHouse (DWH) zur Entscheidungsfindung in Verbindung. Es ist eines der wirksamsten Werkzeuge für den Verkaufsleiter.

Was ist ein DWH?

Ein Datawarehouse, vereinfacht beschrieben, ist die systematische Speicherung überwiegend historischer Einzeldaten über einen großen Zeitraum in einer einheitlichen Datenbank zur individuellen, nicht vorstrukturierten Bearbeitung. Damit werden Antworten auf zukünftige, noch nicht bekannte und noch nicht definierte Fragen gegeben. Es enthält eine riesige Datenmenge aus verschiedenen internen und externen Quellen, auf die die Anwender für wichtige unternehmerische Entscheidungen Zugriff haben und Antworten erhalten. Das Programm analysiert das Einkaufsverhalten des Kunden und liefert daraus Informationen für zukünftige Entscheidungen für das Unternehmen. Im Besonderen erhalten Sie Informationen, die für die Entscheidungen im Verkauf wichtig sind.

Was sind die Eigenschaften eines DWH?

Ein Datawarehouse bietet ein Programm zum Sammeln und Archivieren von Daten. Es enthält Datenbankmanagementsysteme und Datenmodelle für die Verwaltung und Speicherung der Daten sowie Werkzeuge zur Abfrage und Analyse, um periodisch immer wiederkehrende Abfragen – und neue Ad-hoc-Geschäftsfragen – zu beantworten. Sie erlauben dem Unternehmen, die Logistik zu optimieren, die Margen zu verbessern, einen Wettbewerbsvorsprung zu erreichen und insbesondere das Kundenverhalten und die Kundenbedürfnisse besser zu verstehen und damit eine höhere Kundenbindung zu erzielen.

Beispiel:

> *Ein führendes amerikanisches Unternehmen optimiert die Warenlieferungen landesweit aufgrund der aktuellen Verkäufe unter Einbeziehung der Wettervorhersage:*
>
> - *Falls der Lagerbestand an Badekleidung im regnerischen Norden noch hoch ist, jedoch diese dringend im heißen Süden mit stabiler Hochdrucklage benötigt wird, werden die Bestände in den Süden verlagert.*
> - *Man hat mit DWH festgestellt, dass am Samstag Bier neben Windeln positioniert, mehr Bierumsatz brachte.*
> - *1 200 Lieferanten greifen auf das DWH über Internet zu und erhalten die Liefermengen automatisch.*

Aber die größte Errungenschaft dieses Unternehmens ist die jährliche Umsatzsteigerung von etwa zehn Prozent und der Aufstieg zur Marktführerschaft – obwohl erst 1962 gegründet!

Das Wichtigste jedoch ist die permanente Gewinnsteigerung. Diese wird durch genaue Preisposition und gezielten Warenbestand in den verschiedenen Gegenden erreicht. Bester Preis und bester Deckungsbeitrag werden durch das DWH erzielt.

Drei weitere Maßnahmen, die den Erfolg unterstützen:

1. *Es sind immer alle Waren verfügbar.*
2. *Die Preise sind immer auf den Standort optimiert.*
3. *Die Sortimentgestaltung ist angepasst an den Standort.*

Darüber hinaus sind folgende aktuelle Daten im Zugriff:

- *alle Sortimente,*
- *tagesgenaue Abverkaufs-, Belieferungs-, und Bestandsdaten,*
- *alle Umsatz- und Bestandsentwicklungen können über 110 Wochen zurückverfolgt werden,*
- *jeder Wochentag, die Zusammenfassung der Tageswerte zu Wochen-, Monats-, Quartals- und Saisonwerten können ohne große Wartezeit betrachtet werden,*
- *geografisch können die Ergebnisse einzelner Regionen, Filialen, Bezirke, bestimmter Standorttypen analysiert werden.*

Durch zusätzliche Filtereinstellungen können bestimmte Kriterien wie Lieferanten, Marken, Farben, Größen, Importware bei Abfragen selektiert werden. Eine Unterscheidung der Umsätze nach Normal- und verschiedenen Aktionsverkäufen bzw. Ausverkaufsposten rundet die Auswahl ab.

Ein DWH ist kein Produkt, sondern ein Prozess, ist Wissensmanagement und integraler Bestandteil des Unternehmens!

CRM

Konzepte wie „Customer Relationship Management" (CRM), „Marketing Automation", „e-Customer-Care", „Campaign Management" und viele andere mehr verknüpfen die wichtigen Erkenntnisse des traditionellen Direktmarketing mit den rapide gestiegenen technischen Möglichkeiten der vergangenen Jahre und der explosionsartigen Entwicklung des Internet. Es ist eine konzeptionelle, instrumentelle und prozessuale Integration in die Gesamtunternehmung.

Unter „Customer Relationship Management" (CRM) versteht man eine Unternehmensführung, in der alle kundenbezogenen Prozesse eines Unternehmens kanal- und abteilungsübergreifend integriert werden. Damit haben Sie ein Werkzeug, das – richtig genutzt – Ihren Verkauf aktiv unterstützen kann.

Die Abteilungen Marketing, Vertrieb, Kundendienst, Forschung & Entwicklung, aber auch Produktion, Controlling und Logistik werden auf den Nutzen des Kunden ausgerichtet. Ziel des CRM ist die zielgerichtete Steuerung sämtlicher Aktivitäten an den Größen Kundenprofitabilität und -potenzial.

Dazu werden absolute Werte und Kennziffern, wie Auftragseingang, Absatz, Umsatz, Frachten, Verfügbarkeit, Durchlaufzeiten usw. benötigt, die sich über alle Ebenen von Kunden und Kundengruppen, Produkten und Produktgruppen, bis zu Tagesebenen – verdichtet zu Wochen, Monaten, Quartalen, Geschäftsjahren – als Ist- und Plan-Werte mit den entsprechenden Abweichungen erstrecken.

Ein Teil dieser Daten wird für Sie und Ihre Mitarbeiter verfügbar gehalten. Damit können Sie Ihren Kunden genau Auskunft über Lieferzeiten, Preise und Entwicklungen geben.

CRM ist ein effektives Instrument zur Umsatzsteigerung. Es ermöglicht eine absolut individualisierte Kundenansprache. Der Zugriff auf topaktuelle Daten vom Home-Office, Notebook oder Palmtop gibt Ihren Vertriebsmitarbeitern immer die aktuellsten Informationen.

Einfach erklärt heißt dies, dass alle Vorgänge zum und vom Kunden in einer Datenbank festgehalten werden und den Mitarbeitern eines Unternehmens auf Knopfdruck zur Verfügung stehen. Aufgrund der historischen Daten kann auf ein bestimmtes Kundenverhalten geschlossen werden. Mit diesen Erkenntnissen werden Prozesse optimiert und Kosten gesenkt, Abläufe angepasst, Kundenbedürfnisse früh erkannt und befriedigt. Auf Wunsch werden strategische „Was-wäre-wenn-Szenarien" durchgespielt.

Ziel ist, heute die Kundenwünsche der Zukunft zu erkennen.

Mit wenigen Mausklicks werden Informationen über Produkte oder Serviceleistungen, die Kunden schätzen, die sie vermissen und die sie morgen kaufen würden, abgerufen. CRM-Systeme erzeugen zukünftige Kundenprofile, bilden Käufersegmente und generieren Empfehlungen für Produktentwicklung und Preisgestaltung. Zudem decken sie versteckte Kostenfallen auf und identifizieren ungenutzte Absatzpotenziale. Die Analysewerkzeuge unterstützen die Möglichkeit, die in Vertrieb, Marketing und Service gesammelten Daten gezielt auszuwerten und als Basis für verkaufsfördernde Entscheidungen zu nutzen. Entscheidungen, mit denen Neukunden gewonnen, bestehende Kunden gehalten und Trendwechsel im Käuferverhalten bereits im Ansatz erkannt werden. Zum Beispiel der Umsatz pro Kunde nach Produkten, nach Außendienstpräsenz oder nach Bestellmedium.

Und das alles in wenigen Sekunden. Wie effizient war die letzte Marketingkampagne? Wie verhalten sich Ist- zu Planzahlen, wie im Vergleich zum Vormonat oder Vorjahr? Welche Abschlüsse wurden in welcher Höhe getätigt? Können mit Preisänderungen neue Märkte erschlossen werden?

Was bringt CRM für Sie?

- Schnellere Prozesse und Kostensenkung durch Automatisierung von Vertrieb und Service durch die gemeinsame Nutzung des Datenbestands im gesamten Unternehmen.
- Ergänzung oder Ersatz der teuren Printmedien durch Online-Informationen.
- Senkung der Kosten im Auftragsbearbeitungsprozess.
- Unterstützung des Vertriebs durch eine effiziente Bestell-, Beratungs- und Vertriebsplattform.

Ein Beispiel:

> *Gleich nachdem der Außendienstmitarbeiter mit dem Kunden gesprochen hat, gibt er die Daten in das CRM-System ein. Er erhält per Knopfdruck Zugriff auf Prozesse, wie die Versanddaten über jeden gewünschten Kunden, eines Produkts, und es können ohne Verzögerung Prozesse in Gang gesetzt werden.*

Die Manager in der Zentrale erhalten selektiv Zugriff auf Vertragsinhalte und Kundendaten, um mit diesen Daten möglichst effektiv Interessenten in profitable Käufer umzuwandeln.

Damit werden alle Potenziale einer effektiven und interaktiven Marketing-, Vertriebs- und Servicearbeit ausgeschöpft. Jeder Ihrer Mitarbeiter ist in der Lage, sekundenaktuelle Daten abzurufen, zum Beispiel: Was hat der Kunde zuletzt gekauft? Zu welchen Konditionen? An welche Lieferadresse?

Ganz egal, ob man in München oder Miami sitzt – ein Mausklick genügt. Es wird alles – vom ersten Akquisegespräch über Bestellungen bis hin zum letzten Servicevorfall – erfasst. Das Resultat: Anfragen werden schneller und persönlicher beantwortet. Die Beziehung zwischen Unternehmen und Kunden bekommt eine vollkommen neue Qualität. Durch die gezielte Kundenberatung und Bearbeitung von Servicefällen sinkt der Zeitaufwand pro Mitarbeiter. Ihre Kostenstruktur verbessert sich spürbar.

Der Kunde erhält Angebote, die den Anforderungen genau entsprechen, und es werden alle Vorteile eines echten One-to-One-Marketing genutzt. So wird ein loyaler Kundenstamm aufgebaut, der sich in jeder Beziehung bestens betreut fühlt – ob in puncto Kommunikation, Distribution oder Angebotspolitik. Das erspart eine teure und aufwändige Neukundenakquise und eröffnet zusätzliche Absatzpotenziale.

Konsumenten erwarten einen kompetenten und schnellen Service und vor allem maßgeschneiderte Lösungen für ihre Probleme. Der Wettbewerb von morgen entscheidet sich beim individuellen Management von Kundenzufriedenheit und Kundenbindung. Erfolgreich wird dabei das Unternehmen sein, dem es gelingt, im intensiven Dialog mit den einzelnen Kunden seine Einzigartigkeit zu demonstrieren.

Zusammenfassung

1. Machen Sie sich mit dieser neuen Technologie vertraut.
2. Nutzen Sie den Informationspool des Internet für Ihre Aufgaben.
3. Nutzen Sie die schnelle Kommunikation über das Internet.
4. Lassen Sie die IT-Technologie für Sie arbeiten.
5. Verwenden Sie die verfügbaren Daten Ihres Unternehmens.
6. Nutzen Sie die fachliche Hilfe von IT-Spezialisten, versuchen Sie nicht, alles oder Teile selbst zu organisieren.

10. Marketing- und Verkaufsaktionen

Der Marketingplan

Als Verkaufsleiter sind Sie auch für die Marketingaktivitäten je nach Unternehmens- und Organisationsform ganz oder teilweise verantwortlich. In kleinen und mittleren Unternehmen werden Sie viele Marketingaktivitäten in Ihrem unmittelbaren Verantwortungsbereich haben. Das Thema Marketing soll hier nur knapp dargestellt werden, um Ihnen einige Anregungen zu geben. Wer mehr Fachwissen benötigt, kann auf ein breites Angebot von Fachbüchern zurückgreifen.

Der Marketingplan ist die Grundlage der jährlichen Planung im Vertriebsbereich. Er bietet all denjenigen, die den Wert eines schriftlichen Plans zu schätzen wissen und denen bewusst ist, dass dieser regelmäßig revidiert werden muss, eine wertvolle Hilfestellung.

Sie können buchstäblich in jedem Geschäftszweig erfolgreich sein, wenn Sie wissen, wer Sie sind, was Ihre Kunden wollen, auf welches Ziel Sie sich zubewegen, wie Sie dorthin kommen und was Sie tun werden, sobald Sie dort sind. Nur: Ziele müssen geplant werden.

Ich vergleiche das mit einem Flug von A nach B. Das Ziel muss bekannt sein, die Navigation vorbereitet, die Flughöhe bestimmt, die Distanz errechnet, der Treibstoffbedarf und Treibstoffverbrauch mit Ausweichflughafen kalkuliert, die Crew organisiert, Beladung, Startlaufstrecke, Landestrecke, Flugdauer berechnet, das Fluggerät kontrolliert, Passagiere geworben, Tickets verkauft und vieles mehr. Mit guter Planung erreicht man auch das geplante Ziel sicher.

Mit jedem Fehler in der Vorbereitung und während des Flugs wird die Anzahl der verbleibenden möglichen Aktionen, um zu korrigieren, geringer; und je öfter korrigiert werden muss, umso schwieriger wird es, in normale Fluglage zu kommen und das Ziel zu erreichen. Dann, nach einer endlichen Reihe von Fehlern und Korrekturen, folgt unweigerlich der Absturz. Nur eine gute Planung bedeutet einen sicheren Flug und Zielerreichung!

Die Basis für den Marketingplan ist eine Ist-Aufnahme. Diese soll folgende Teile enthalten:

- **Unternehmensanalyse**

  Dabei handelt es sich um eine Stärken-/Schwächenanalyse.

- **Branchenanalyse**

  Diese zeigt die derzeitige und zukünftige Situation der Branche auf. Sie enthält die Wachstumsrate der Branche, die operativen Finanzzahlen und das Stadium der Branche in der Entwicklung des Lebenszyklus.

- **Marktanalyse**

  Darin werden der Marktumfang und die Zielmärkte definiert. Ebenso ob Sie auf regionaler, nationaler oder internationaler Basis operieren, Ihr aktuelles Verkaufsvolumen sowie die Zahlen der drei wichtigsten Mitanbieter.

- **Strategische Analyse**

  Diese umfasst Ihre Geschäftsziele, Ihre Konzepte, eine Beschreibung Ihrer Erfolgstaktiken, einen Zeitplan für diese angestrebten Ziele sowie eine Liste der operativen Voraussetzungen.

- **Personalanalyse**

  Die Personalanalyse definiert die Einschätzung des Managements und Personals, um die gesetzten Ziele zu erreichen.

- **Produkte**

  Bestimmung des Punkts im Produktlebenszyklus bei den bestehenden Produkten und Marktpositionierung von bestehenden und zukünftigen Produkten.

Die Bausteine des Marketingplans

Im Prinzip besteht Ihr zukünftiger Marketingplan ebenso aus Modulen wie der Businessplan in Abschnitt 8.

I. Allgemeiner Teil
   1. Beschreibung des Marketingplans und seiner Grundlagen
   2. Einführung in das Programm oder die Dienstleistung
   3. Voraussichtliche Umsätze und Gewinne
   4. Wettbewerbsposition/Marktnische/Marktanteil

II. Marktanalysen/Situationsanalysen
   1. Ergebnisse der Marktforschung
   2. Analyse der Marktnachfrage/Marktattraktivität
   3. Unternehmensanalyse
   4. Konkurrenzanalyse
   5. Produkt-Programm-Serviceanalyse

III. Verfahren der Marktsegmentierung/Kundenanalyse
   1. Auswahlkriterien für den Zielmarkt
   2. Kundenmerkmale
   3. Bedürfnisse und Wünsche der Kunden
   4. Abstimmung der Produkte/Programme/Dienstleistungen auf den Kunden

IV. Marketingmix: Strategien und Taktiken
   1. Unternehmensziele und finanzielles Abschneiden
   2. Marketingziele: Nischen, Position, Vorteile
   3. Marketingstrategien bezüglich Gesamtunternehmen, Einzelgeschäfte, Produktlebenszyklen
   4. Marketingtaktiken: Aktionspläne, Implementierung

V. Promotion-Mix

1. Werbeprogramm: Beschreibung des Medienplans
2. Publicity/Public Relations
3. Direktverkauf
4. Verkaufsförderung
5. Messen

VI. Marketingergebnisse

1. Evaluierung der Marketingaktivitäten
2. Umsätze und Gewinne
3. Empfehlungen für künftige Möglichkeiten

VII. Unterstützende Marketingdokumente

1. Budgets: Einnahmen, Ausgaben, Werbung, PR
2. Werbetexte, Layout und Grafiken
3. Formblätter und Tabellen
4. Rechtsdokumente und erforderliche Genehmigungen

Der Marketingmix

Im Marketingplan werden Sie Strategien entwickeln, um den gewünschten Erfolg zu erzielen. Es gibt zwei Schritte, die Sie vor die Entwicklung des Marketingmix setzen müssen: Der erste besteht darin, Ihr Ziel oder Ihre Marketingstrategien zu definieren. Als zweites müssen Sie feststellen, wer Ihre Zielkunden sind. Dann können Sie mit der Erstellung gemäß dem Marketingmix beginnen. Der Marketingmix basiert auf den bekannten 5 „P“:

Produkt:	Produkte und Dienstleistungen, die Sie verkaufen
Preis:	Die Preispositionierung für ein bestimmtes Produkt

Platzierung: Der Ort oder die örtliche Eingrenzung des Verkaufsgebiets (Vertriebskanäle)

Promotion: Werbung und Kommunikationstechniken, um den Käufer zu erreichen

Performance: Besondere Leistung im Verhältnis zum Mitbewerber

Weitere Faktoren, die Sie bei der Entwicklung des Marketingmix berücksichtigen müssen, erhöhen die Zahl der fünf „P" auf neun und ein „S" zusätzlich.

Positionierung: Die Positionierung des Unternehmens im Vergleich zum Mitbewerber, also was Sie im Vergleich besonders oder einzigartig anbieten

Personen: Das sind die Menschen, die mit Ihnen arbeiten, das Produkt verkaufen oder eine Dienstleistung erbringen

Profit: Steht für den zu erwartenden Gewinn

Politik: Die Regeln und Bestimmungen, die Sie für Ihr Unternehmen anwenden

Service: Kein Erfolg, ohne dass die Kunden ausgezeichnet betreut werden

Überlegen Sie, welche finanziellen und anderen Geschäftsziele, wie beispielsweise Expansion, verbesserte Gewinnmargen, neue Märkte und Produkte, Sie erreichen wollen. Entwickeln Sie den Marketingmix gemäß den Richtlinien und Zielen. Jedes Produkt, jede Dienstleistung und jeder von Ihnen bediente Markt sollte seinen eigenen Marketingmix haben.

Zusammenfassung

1. Der Marketingplan ist die Grundlage für alle geplanten Aktivitäten am Markt.
2. Arbeiten Sie diesen mit der Marketingabteilung und allen am Verkaufsprozess Beteiligten aus.
3. Der Marketingplan ist die Grundlage für den Verkaufserfolg.

11. Neukunden gewinnen und Bestandskunden aktivieren

Für jedes Unternehmen ist die Neukundengewinnung ein wichtiges Thema. Unternehmen wollen hierdurch den Umsatz vergrößern oder das Potenzial verlorener Kunden ausgleichen. Je nach Branche stellen sich bei der Neukundenakquise hohe Anforderungen, denn der Kunde kann die Qualität der angebotenen Leistungen der verschiedenen Anbieter häufig nicht ohne zusätzliche Information, Erklärung und Beratung beurteilen. Es bestehen gravierende Unterschiede, ob neue Kunden in der Investitionsgüterindustrie, für Dienstleistungen, im Retailgeschäft oder im Bankwesen akquiriert werden sollen. Und entsprechend führen unterschiedliche Wege zum Kunden.

In den meisten Klein- und Mittelgroßen Unternehmen (KMU) werden Marketing und Businessplan klein geschrieben. Die hohen Personalkosten erlauben nur sporadisches Nachdenken über Aktionen zur Neukundengewinnung. Produktmarketingmanager sind für viele Unternehmen zu teuer. Zielorientiertes Vordenken und systematische Planung bleiben oft auf der Strecke. Dem Zufall und der Methode „Trial and Error" wird ein breites Feld überlassen. Doch gezieltes Produktmarketing ist für das langfristige Überleben von Unternehmen im schnelllebigen globalen Markt wichtig. Gerade bei der Neukundengewinnung ist es unerlässlich, dass Aktionen in Zusammenarbeit mit den Marketingverantwortlichen sorgfältig geplant, vorbereitet, durchgeführt und kontrolliert werden.

Wie sieht der heutige Alltag in den Vertriebsabteilungen bei der Neukundengewinnung aus?

Klassische Methoden der Akquise funktionieren nicht mehr. Messebeteiligung, Werbebriefe oder Telefonakquise sind heute weniger erfolgreich als früher – sagt man. Doch die Wahl des richtigen Kanals hängt davon ab, was Sie an wen kommunizieren möchten. Mithilfe solider Daten kann man das Potenzial einer Region recht genau beziffern und dementsprechende Aktionen planen. Interessante Adressen lassen sich über Google, Xing, Yahoo und Co. ausfindig machen. Mit den richtigen Voreinstellungen können neue Adressen über Suchmaschinen gewonnen werden. Eine Vernetzung der Webseite des Unternehmens mit sozialen Netzwerken wie Twitter, Facebook und Co. bringt zusätzliche Besuche auf der Homepage und Interessenten.

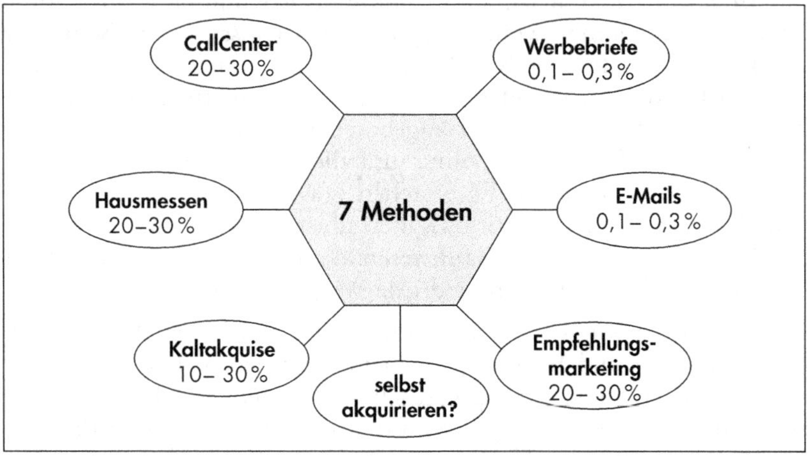

Die 7 Möglichkeiten der Neukundenakquise

1. Werbebriefe

Werbebriefe sind ein wesentlicher Faktor im Wirtschaftsleben und nicht nur bei neu eingeführten Produkten und Dienstleistungen eine Methode, um Menschen auf Angebote aufmerksam zu machen und Neukunden zu gewinnen. Sie helfen auch, den Bekanntheitsgrad zu erhalten.

Ein Werbebrief kann zurückhaltend oder aggressiv wirken. Der sprachliche Auftritt bestimmt neben der grafischen Gestaltung die öffentliche Wahrnehmung des Unternehmens. Wichtig ist, dass der sprachliche Auftritt sich deutlich vom Mitbewerber unterschiedet und Text und Gestaltung einem einheitlichen Stil folgen. Scheuen Sie sich nicht, hier professionelle Hilfe in Anspruch zu nehmen. Die Kosten für einen professionellen Texter sind der kleinste Kostenanteil eines Werbebriefs, aber ausschlaggebend.

Werbebriefe müssen immer noch das Vorurteil hinnehmen, dass kein Mensch sie lesen würde. Doch gerade in Zeiten der E-Mail-Flut gewinnt der Brief wieder an Bedeutung. Wer sich Zeit für einen persönlichen Brief nimmt, zeigt Wertschätzung für den Empfänger. Ein Werbebrief sollte einem „natürlichen" Brief so nahe wie möglich kommen und nicht wie ein Werbeprospekt wirken. Man spricht ganz direkt mit dem Leser, so, als ob man ihm gegenüber sitz. Ein persönlicher Kundenbesuch kostet 150 Euro und mehr. Ganz zu schweigen vom Zeitaufwand, um 500 und mehr potenzielle Kunden persönlich zu besuchen. Mit Werbebriefen treten Sie gleichzeitig mit Tausenden neuer Interessenten in Kontakt. So erhält der Werbebrief auch im Rahmen des CRM einen neuen Stellenwert.

Werbebrief erstellen

Präsentieren Sie Ihr Unternehmen, Ihr Produkt und Ihre Dienstleistung mit klaren inhaltlichen Positionierungen und mit einer innovativen Gestaltung. Professionelle Werbetexte sollen dem Unternehmen ein eigenes Gesicht geben, Emotionen auslösen, Sympathie und Neugier erzeugen. Achten auf Zielgruppen, Text-Anlass, Medium, gewünschte Handlung des Lesers, Tonalität, Struktur und die Nutzenkommunikation.

Ein weit verbreiteter Irrtum ist, dass ein Werbetext jedem gefallen muss. Ganz im Gegenteil! Ein Werbetext muss sich etwas trauen, damit er wirkt. Dasselbe gilt übrigens auch für Bilder, Layouts und Ideen, Marketingmaßnahmen und Vermarktungskonzepte, für Produkte, Unternehmen und Menschen. Deswegen sollte ein geschulter, erfahrener Texter Werbebriefe verfassen oder überarbeiten. Auch in Werbebriefen wird mit der AIDA-Regel gearbeitet:

Das Stufenmodell AIDA enthält vier Phasen, die der Leser durchlaufen soll und die letztlich zu einer sofortigen oder späteren Terminvereinbarung führen sollen. Die vier Phasen werden als gleich wichtig angesehen, können sich allerdings überschneiden. Das Akronym AIDA setzt sich aus den Anfangsbuchstaben der einzelnen Phasen zusammen:

Attention: Die Aufmerksamkeit des Lesers wird angeregt.

Interest: Er interessiert sich für das Angebot oder Produkt. Das Interesse wird erregt.

Desire: Der Wunsch nach dem Produkt wird geweckt. Der Besitzwunsch wird ausgelöst.

Action: Der Leser will am Produkt/am Angebot partizipieren und handelt.

Je nachdem, welcher Quelle man vertraut, macht die richtige Auswahl der Adressen zwischen 20 und 50 Prozent des Erfolgs eines Mailings aus. Es gibt für die verschiedenen Branchen Adress-Broker, bei denen man Adressen nach unterschiedlichen Kriterien kaufen kann. Doch vermeiden Sie es, die Adressen blind zu verwenden. Gerade bei Firmenadressen sind die Ansprechpartner nicht immer aktuell. Es lohnt sich deshalb, vorab anzurufen, um die Adresse zu qualifizieren.

Der Erfolg einer Marketingaktion bemisst sich nach den Werbekosten pro 1000 Kontakte und dem Rücklauf der Antworten (dem so genannten Response). Dabei stehen folgende Response-Elemente zur Verfügung:

- Antwortkarten
- Faxantwort
- Gutschein
- Telefonnummer
- E-Mail-Adresse

Bei durchschnittlich gut gemachten Werbebriefen sind die Responsequoten zwischen **0,1 und 1 Prozent** relativ klein. Bei hochpreisigen Produkten kann dies jedoch durchaus interessant sein. Wer seine Zielgruppe genau kennt und im Werbebrief ein besonders interessantes Angebot macht, erreicht auch **1,5 bis 2 Prozent**. Wenn zur genauen Zielgruppeneingrenzung und zur ansprechenden Werbung noch ein zu erwartender Bedarf oder ein besonders innovatives Produkt dazu kommt, können sogar Responsequoten von **5 Prozent** erreicht werden. Auf jeden Fall kann die Responsequote immer unmittelbar nach Versendung zuverlässig ermittelt werden. Werbebriefe helfen zumindest zusätzlich beim Aufbau eines Markenimages. In Kombination mit Telefonakquise kann ein Werbebrief höhere Erfolgsquoten erreichen.

Erfolgsquote: Bei der Neukundenakquise ist der Werbebrief als Medium nur für wenige Branchen zu empfehlen. Die Erfolgsquote ist relativ zum Aufwand und dem zu erwartetem Erfolg sehr klein.

2. E-Mails

Mit E-Mail-Marketing wird das Versenden von Werbebotschaften und Informationen per E-Mail innerhalb einer Kampagne für ein bestimmtes Produkt oder eine bestimmte Dienstleistung eines Unternehmens oder einer Organisation bezeichnet. Die direkte Ansprache der gewünschten Zielgruppe, der Gewinn von Neukunden und die Betreuung bereits bestehender Kontakte stehen hier im Mittelpunkt. Erfolge können durch detaillierte Auswertung über Response-Klicks einfach und kurzfristig gemessen werden.

Mit einer E-Mail-Kampagne kann man schnell, effektiv und messbar potenzielle Interessenten über Produkte und Leistungen informieren. Wichtig hierfür sind die passenden Adressen sowie ein ansprechender Text und nicht zu viele Links, damit die E-Mail nicht in Spamfilter hängen bleibt.

E-Mail-Adressen werden mit verschiedene Maßnahmen bei jedem Geschäftskontakt zur Adress- und Ansprechpartnergewinnung erweitert, um eine höchstmögliche Response zu gewährleisten. Allerdings ist die rechtliche Situation in verschiedenen Ländern beim Aussendungen von Mails zu beachten.

11 Tipps für erfolgreiches E-Mail-Marketing

1. Zielgruppen-Selektion

Je genauer die Zielgruppe, desto höher die Trefferquote. Besser öfter kleinere Mailings an unterschiedliche Zielgruppen als ein großes –nach dem Gießkannenprinzip – an alle verfügbaren Adressen.

2. Aussagekräftige Betreffzeile

Wecken Sie die Neugier des Empfängers, indem Sie ihm kurz und prägnant sagen, worum es in Ihrer E-Mail geht und welchen Nutzen er davon hat. Machen Sie ihn neugierig. Der Betreff entscheidet über Öffnen oder Löschen.

3. Klar erkennbarer Absender der E-Mail

Der Nutzer muss erkennen können, wer der Absender der E-Mail ist und warum er von diesem eine E-Mail bekommt.

4. Nur ein Angebot/eine Information klar und eindeutig formuliert

Beschränken Sie Ihre Kampagne auf ein Angebot und die Information auf ein Thema. Wichtig ist für den Empfänger, dass er schnell erkennt, worum es bei dem Angebot geht und was sein Vorteil ist, wenn er handelt.

5. Personalisierte Ansprache

Sprechen Sie Ihre Mailempfänger immer persönlich an. Das zeigt dem Leser, dass Sie ihn wertschätzen, und steigert somit sein Interesse.

6. Der erste Absatz ist der wichtigste

Daher sollten Sie beim Erstellen einer E-Mail besonders darauf achten, dass der Leser Ihre wichtigste Message sofort erkennt und versteht, welche Reaktion von ihm erwartet wird. E-Mails werden selten bis zum Ende gelesen.

7. Fassen Sie sich kurz

Formulieren Sie den Betreff daher so kurz und prägnant wie möglich (max. 35 Zeichen). Ebenso sollte der Haupttext möglichst kurz sein (nicht mehr als 50 Zeilen).

8. Gestaltung eines E-Mailings im Corporate Design

Damit der Empfänger Ihre E-Mail auch optisch sofort zuordnen kann, gestalten Sie Ihre Kampagnen im Corporate Design. So vermitteln Sie eine visuelle Botschaft. Der Leser erkennt auf einen Blick, um welches Unternehmen und um welches Angebot es sich handelt. Das ist vor allem für Folgekampagnen wichtig.

9. Fügen Sie Links ein

Setzen Sie (wenige) Links, um den Leser zu weiteren Informationen zu führen. Zu viele Links lenken von der Werbebotschaft ab und werden vom Spam-Filter aussortiert.

10. Differenzieren Sie sich von Spam

Damit Ihre E-Mails nicht mit Spam verwechselt werden, setzen Sie auf Klasse statt Masse. Entscheidende Punkte dabei sind eine einfache Abbestellfunktion, eine funktionierende Reply-Adresse und die klar erkennbare Adresse mit allen Kontaktdaten.

11. Mail-Marketing ist Dialog-Marketing

Für E-Mails gilt das noch stärker. Wenn Sie per E-Mail Kunden ansprechen, müssen Sie damit rechnen, dass sich diese ebenfalls dieses Mediums bedienen. Immer mehr Empfänger drücken die Reply-Taste und erwarten eine Antwort. Nehmen Sie den Dialog auf!

Erfolgsquote: Für Neukundenakquise ist E-Mail-Marketing nicht zu empfehlen. da die Erfolgsquote relativ gering ist. Für bestehende Kunden ist diese Form der Kundenansprache interessant, wenn richtig durchgeführt.

3. Empfehlungsmarketing

Referenzgeber sind für Unternehmen unentbehrlich. Denn jede Empfehlung steht – aus Sicht des Kunden betrachtet – für eine gute Leistung. Wer anderen etwas empfiehlt, bürgt mit seinem Namen. So ist jede Empfehlung ein wertvoller Vertrauensbeweis. Empfohlen wird aber nur, was bemerkenswert ist. Mit einem schlechten Rat riskiert man nämlich einen Vertrauensbruch – und setzt Beziehungen aufs Spiel. Die entscheidende Triebfeder eines Empfehlers ist also in den wenigsten Fällen materieller Profit, sondern vielmehr, das Bedürfnis zu zeigen, dass man selbst eine gute Entscheidung getroffen oder einfach etwas Positives beigetragen hat.

Empfehlungen sind eine der erfolgreichsten Marketingmaßnahmen. Kleinere Unternehmen leben überwiegend von Empfehlungen. Referenzen sind insbesondere auch dort hilfreich, wo die Leistung zum Zeitpunkt des Vertragsabschlusses noch nicht existiert bzw. sehr komplex ist, wie etwa in der IT-Branche, im Wartungsdienst oder bei Beratungsunternehmen. Indem sie über ihre Erfahrungen berichten, helfen bestehende Kunden und Geschäftspartner, etwaige Unsicherheiten des Interessenten abzubauen. So sorgen Referenzen für Objektivität und Glaubwürdigkeit. Denn der Produktnutzen bzw. die Beurteilung der Zusammenarbeit werden aus dem Blickwinkel des Kunden betrachtet.

Trotzdem wird das Thema Empfehlungsmarketing in Unternehmen oft stiefmütterlich behandelt. Empfehlungsmarketing ist die strategisch und systematisch geplante Form der Weitergabe von positiven

Erfahrungen an Interessenten und sollte in jedem Unternehmen einen wichtigen Stellenwert haben und in der Umsatzplanung einen festen Wert haben.

Empfehlungsmarketing will mithilfe einer geeigneten Wahl der Mittel eine möglichst große Anzahl von positiven Empfehlungen stimulieren, um auf diese Weise Neukundengeschäft und dauerhaft steigende Umsätze zu generieren. Dies ist nicht nur die Sache eines einzelnen Verkäufers, sondern letztlich die Verpflichtung des gesamten Unternehmens. Insofern ist Empfehlungsmarketing langfristig angelegt und gleichzeitig Chefsache.

Empfehlungsmarketing ist sowohl für B2C- als auch für B2B-Märkte gut geeignet. Nicht nur klassische Neukunden-Gewinnungsmaßnahmen, sondern aktive Empfehler sind die Treiber einer positiven Umsatzentwicklung. Nicht alles kann durch eigene Vertriebs- und Marketingarbeit gesteuert werden kann.

Empfehlungen sind die natürlichste und erfolgreichste Werbung. Sie erzeugen keinen Druck. Kunden, die aufgrund von Empfehlungen kommen, wurden durch den Empfehlungsgeber überzeugt. Dienstleister – vor allem Banken und Versicherungen –, die konsequent mit Empfehlungsmarketing arbeiten, verzeichnen die höchsten Umsatzzuwächse in der Branche.

Die Grundvoraussetzung für Ihren Empfehlungserfolg ist ein verändertes Selbstverständnis des Empfehlungsmarketing in den Vertriebsabteilungen. Man erhält Empfehlungen nur, wenn man es plant. Unternehmen setzen deshalb klare Ziele, wie viele Empfehlungen im Vertrieb – zum Beispiel pro Monat – generiert werden.

Den gewonnen Kunden um eine Empfehlung zu fragen ist dann Bestandteil des Verkaufszyklus. Das ist bei den verschiedenen Branchen unterschiedlich. Die Basis für diese Frage ist jedoch eine gut aufgebaute Beziehung. Am Ende eines Gesprächs kann der Kunde beispielsweise um ein Feedback gebeten werden, wie zufrieden er ist. Danach bittet man nach einer Empfehlung, die genau den schmalen Grat zwischen unverbindlich und nicht zu penetrant trifft.

Warum Referenzen heute so wichtig sind

Wer heutzutage konsumiert oder investiert, glaubt eher den Botschaften vertrauenswürdiger Dritter, als den Hochglanzbroschüren von Herstellern und Anbietern am Markt. Produkte sind immer stärker vergleichbar. Eine USP wirkungsvoll zu kommunizieren, erweist sich bei vielen Produkten und Dienstleistungen als aufwändig und manchmal schwierig.

Wirkungsvolle Referenzen, die in mündlicher, schriftlicher oder audiovisueller Form über die Qualität eines Anbieters berichten, sind heutzutage unverzichtbar. Wer im Geschäft erfolgreich sein oder neue Märkte, neue Interessenten erobern will, kommt mit einer eindrucksvollen Referenzliste und den dazugehörigen Erfolgsstorys schnell weiter.

Empfehlungsmarketing: Wie man zu aussagekräftigen Testimonials kommt

Positive Kundenaussagen erhält man allein dadurch, dass man sich im Anschluss an die Lieferung oder Leistungserbringung schriftlich bedankt und etwas Persönliches hervorhebt. Denn Menschen sind dankbar für Lob und revanchieren sich gern für eine gute, positiv gelebte Geschäftsbeziehung.

Wie man mit Referenzen gut umgeht

Eine Empfehlung auf dem Briefpapier des Kunden ist übrigens besonders wertvoll. Zumindest aber sollten der volle Name, die Position, das Unternehmen und der Firmensitz genannt werden. Genehmigungen in großen Konzernen sind oftmals langwierig und beschwerlich. Hier ist einfach Geduld angesagt. Erfinden oder fälschen Sie keine Referenzen!

Erfolgsquote: Für Neukundenakquise ist die positive Empfehlung sehr zu empfehlen. Die Erfolgsquote ist – bei richtigem Vorgehen – sehr hoch.

4. Kaltakquise

Kaltakquise heißt, ohne Terminvereinbarung Unternehmen zu besuchen, um auf diese Weise zu Kontakten zu kommen, die man mit anderen Methoden nicht erreichen kann. Kaltakquise kann – wenn ausreichend Zeit zur Verfügung steht – zwischen zwei Terminen spontan durchgeführt werden. Der Verkäufer kann somit seine Erfolgsaussichten durch Kaltbesuche deutlich erhöhen. Kaltakquise ist etwas, das jedes Unternehmen irgendwann durchführen wird. Der aus verschiedenen Gründen entstehende Verlust bestehender Kunden zwingt Unternehmen dazu, diese effektive Form der Kundengewinnung konsequent einzusetzen. Wenn man erfolgreich neue Kunden gewinnen will, ist die Kaltakquise ein unvermeidbares und starkes Element des Verkaufens.

Verkäufer haben jedoch in der Regel massive Probleme mit der Kaltakquise. Viel berichten über Beklemmungsgefühle, Schweißausbrüche und Magenbeschwerden. Es gibt nur wenig Dinge auf der Welt, die erschreckender sind als Unbekannte. Die Psyche der Menschen bei Kontakt mit Unbekanntem verleitet zu Flucht, Kampf und Totstellen. Unser Unterbewusstsein wird gerade hier von überlebenswichtigen Reaktionen aus der Urzeit gesteuert. Als vorteilhaft hat sich erwiesen, wenn man sich vor dem Gespräch einen ersten ideenreichen Satz zurechtlegt, der die eigene Person beziehungsweise Firma beschreibt, sodass der Angesprochene sofort weiß, um was es geht. Im zweiten Schritt sollte sich der Verkäufer überlegen, wie das Verkaufsgespräch eingeleitet wird. Diese Vorgehensweise – also Verkaufsgespräch bei der Kaltakquise – sollte unbedingt geschult werden und den Verkäufern die Angst nehmen. Etablieren Sie also die Kaltakquise mit einer Vorbereitung, Schulung, Motivation und Begleitung der Verkäufer und mit einer Zielsetzung in der Jahresplanung. Kaltakquise muss geplant werden!

Als vorteilhaft hat sich erwiesen, wenn man sich vor dem Gespräch einen ersten ideenreichen Satz zurechtlegt, der die eigene Person beziehungsweise Firma beschreibt, sodass der Angesprochene sofort weiß, um was es geht. Im zweiten Schritt sollte sich der Verkäufer überlegen, wie das Verkaufsgespräch eingeleitet wird. Diese Vorgehensweise – also Verkaufsgespräch bei der Kaltakquise – sollte unbedingt geschult werden und den Verkäufern die Angst nehmen.

Erfolgsquote: Kaltakquise ist eine der erfolgversprechendsten Instrumente zur Neukundengewinnung. Die Erfolgsquote ist – bei guter Vorbereitung – sehr hoch.

5. Hausmessen

Hausmessen, -ausstellungen oder auch Mikromessen sind eine Form der Regionalmesse. Hausmessen werden durch einzelne Unternehmen als spezielle Informations- und Verkaufsmesse für ihre Kunden veranstaltet. Hausmessen haben den Vorteil, dass sie sich unternehmens- und situationsspezifisch kundennah gestalten lassen. Kunden und Interessenten treffen sich und tauschen Informationen aus und erhalten die Gelegenheit, mehr über Produkte und eine fachkundige Beratung zu erfahren. Darüber hinaus ist die Betreuung individuell, der Dialog mit dem Kunden länger und tiefer.

Hausmessen sind eine Plattform für aktives Beziehungsmanagement. Denn es geht nicht nur um die reine Produktschau, sondern insbesondere um Beziehungspflege und den Ausbau von Kundenbeziehungen. Die zwischenmenschliche Komponente steht dabei im Fokus. Seinen Kunden zum „Freund" zu machen, kann ein ergänzendes Ziel bei parallel durchgeführten Incentives oder anschließenden Abendveranstaltungen sein. Zur Generierung von Neukontakten ist das Instrument Hausmesse im Vergleich zur klassischen Messeveranstaltung ebenso geeignet. Doch will man potenzielle Neukunden und latent Interessierte für seine Hausmesse begeistern, ist ein hoher werblicher Aufwand nötig. Eine gute Atmosphäre, erfolgversprechende Produktlösungen, fachlich nutzbringende Vorträge, intensive Gespräche gepaart mit hohen Unterhaltungswert und ansprechender Bewirtung sind die Mindestanforderung. Und nicht vergessen: Originelle, überraschende Aktionen mit nachhaltigem Erinnerungswert bringen Pluspunkte. Giveaways halten das Event in Erinnerung.

Erfolgsquote: Hausmessen eignen sich sehr zur Neukundengewinnung. Die Erfolgsquote ist auch hier bei guter Vorbereitung sehr hoch.

6. Call Center

Als Call Center wird ein Unternehmen oder eine Organisationseinheit bezeichnet, das per Telefon Marktkontakte schafft.

Für den Erfolg im Call Center gibt es fünf Faktoren:

- das genaue Briefing für die Akquise
- die Qualität der Adressen
- gut ausgebildete, motivierte und gut geführte Mitarbeiter des Call Centers
- ein kontinuierlicher Qualitätssicherungsprozess
- Erarbeitung eines wirkungsvollen Telefon-Scripts und Test des Scripts

Die Qualität sollte durch erste Testmärkte (eine kleine Liste von Adressen) geprüft werden. Danach kann man den Erfolg dieses Testmarktes prüfen und gegebenenfalls den Text, die Zielgruppe oder die Menge korrigieren.

Erfolgsquote: Call Center eignen sich sehr zur Neukundengewinnung. Die Erfolgsquote ist auch hier bei guter Vorbereitung hoch, aber stark von der Branche abhängig.

7. Telefonakquise

Zuletzt gibt es noch folgenden Möglichkeit: Man gibt Verkäufern eine Liste mit mehr oder weniger selektierten Adresslisten und lässt sie „mal“ anrufen. Für den Verkäufer stellt die Telefonakquise meistens eine Aufgabe dar, die er sich angeeignet hat, für die er aber selten ausgebildet wurde. Damit ist folgender Verlauf oft gegeben:

Nach dem Anruf zur Kontaktaufnahme:

- Der Verkäufer kommt unmittelbar mit dem Unternehmen in Berührung.
- Der Verkäufer erhält einen Eindruck über die Person mit der er spricht/über das Unternehmen.
- Der Kontakt ist von Gefühlen begleitet bzw. löst Gefühle aus.

- Aufgrund dieser Erfahrungen entsteht beim Verkäufer ein inneres Bild (Vorstellung) der angerufenen Person/des angerufenen Unternehmens und eine innere Einstellung zu diesem Unternehmen.

Da die eigentliche Zielperson oft nicht im ersten Anlauf telefonisch erreicht wird, ein Teil der Angerufenen kein Interesse hat oder unfreundlich reagiert, wird der Verkäufer – aufgrund der erlebten Misserfolge – bald seine Aktivitäten auf andere Gebiete verlagern. Nach kurzer Zeit ist der allein gelassene Verkäufer frustriert und tut alles andere als Neukunden am Telefon zu akquirieren.

Deswegen sollte diese Aufgaben lieber an die Spezialisten in einem Call Center abgegeben werden. Dort wird zielorientiert und ohne Emotionen und Frustration akquiriert. Eine genaue Kostenkalkulation wird zeigen, dass Akquise über Call Center am Ende kostengünstiger ist. Der Erfolg ist messbar. Testmärkte können die Aktion vorher prüfen.

Erfolgsquote: Verkäufer sollten zur Neukundengewinnung per Telefon nur für kleine Zielmärkte eingesetzt werden. Die Erfolgsquote ist bei den meisten Verkaufsorganisationen sehr klein. Telefonische Akquise sollte man ausgebildeten Personen überlassen.

12. Messe als Verkaufsförderung

Als Verkaufsleiter werden Sie gemeinsam mit der Marketingabteilung intensiv an der Ausrichtung von Messen arbeiten, meistens auch die Messeleitung übernehmen oder die volle Verantwortung für die Ausrichtung der Messe haben. Die richtige Vorbereitung auf die Messe ist deshalb so wichtig, weil im Mittelpunkt die Begegnung mit Kunden und Interessenten steht.

Um den Messeerfolg sicherzustellen, bemühen sich mit Ihnen alle Fachleute Ihres Unternehmens, die Vorbereitungen für die Messe sorgfältig durchzuführen. Jeder bringt auf seinem Spezialgebiet Höchstleistungen. Erst durch die gemeinsame Zielsetzung und Vorbereitung kann die Messe als Verkaufsförderungsmaßnahme aufgaben- und situationsbezogen erfolgreich werden.

Jede Messe soll dem Verkauf dienen!

Zielsetzung und Aktionspläne erarbeiten Sie mit allen Beteiligten, Verkaufsgespräche werden überdacht, um Interessenten auf der Messe gezielt und kompetent „bearbeiten“ zu können.

Es gibt im Marketingbereich kaum eine Aktivität, bei der sich Werbung, Verkaufsförderung und Verkaufstraining so sinn- und wirkungsvoll ergänzen, wie es bei der Planung und Durchführung einer Messe der Fall ist.

In vielen Fällen sind sich Verkäufer, Innendienstmitarbeiter und die übrigen Standbetreuer der Chancen und Vorteile einer Messebeteiligung viel zu wenig bewusst. Im Allgemeinen wird unterschätzt, welch einzigartige Gelegenheit ein Messestand bietet, um Geschäfte anzubahnen, Kontakte zu schließen, zukünftige Kunden kennen zu lernen, Kundenbeziehungen zu vertiefen und daraus kurz-, mittel- und langfristig neue Geschäfte zu realisieren.

Allen an der Messe Beteiligten sollte Folgendes bewusst gemacht werden:

- Die Messeanstrengungen von heute sind die Grundlagen der Aufträge von morgen!
- Messe ist keine willkommene Abwechslung vom Arbeitstrott!
- Messearbeit ist Schwerstarbeit!

Die sorgfältige Vorbereitung der Beteiligten auf die Messe ist so wichtig, weil Messeerfolg planbar ist.

Auswahl und Training des Messepersonals

Schlendern Sie auf einer Messe mal mit dem Ziel herum, die Aktivitäten auf den Messeständen zu beobachten. Was sehen Sie? Verkäufer stehen in Gruppen herum, erzählen sich die neuesten Tagesereignisse oder sitzen auf den für Besucher reservierten Sitzgelegenheiten. Besucher betreten den Stand, ohne dass sich die Verkäufer um sie kümmern.

Die Aussteller investieren hohe Summen in die Durchführung der Messe. Einem der wichtigsten Punkte für den Erfolg der Messe, nämlich Auswahl und Training der Messemannschaft, wird jedoch nicht genügend Beachtung geschenkt. Obwohl dieser einer der geringsten Kostenfaktoren der Messebeteiligung ist!

Was sollte der Messeaussteller beachten?

- Positive, aktive und kontaktfähige Mitarbeiter auswählen und das Messeziel vorstellen. Vor der Messe die Mitarbeiter mit den Produkten vertraut machen.
- Für die Messemannschaft ein Messetraining durchführen, in dem sie üben, wie Besucher positiv empfangen werden.
- Die Messemannschaft gezielt auf die Betreuung der Kunden vorbereiten.
- Ist genügend Standpersonal vorhanden, um eine regelmäßige Ablösung zu gewährleisten?
- Sind genügend Pausen für das Standpersonal vorgesehen, damit die Leute frisch, aufmerksam und freundlich bleiben?

- Wird die Besatzung des Standes miteinander harmonieren?
- Sind die Verkäufer informiert, mit welchen Formulierungen sie auf Fragen oder Einwände von Interessenten zu antworten haben?
- Erhalten alle Mitarbeiter schriftliche Hinweise, wie sie sich vorteilhaft vom Verhalten der Konkurrenzverkäufer abheben können?
- Ist festgelegt, was beim einzelnen Interessenten als Beratungsziel erreicht werden soll und wie die Weiterbearbeitung aussehen wird?

Wird das Standpersonal rechtzeitig informiert über:

- die ausgestellten Produkte
- deren Vorteile und Beschaffenheit
- Preise
- Konditionen
- Lieferzeiten
- Service
- Referenzen
- zu erwartende, spezielle Kunden

Das Messetraining soll die Mitarbeiter über das Messeziel informieren und die Verkäufer mit den für Messen notwendigen Verkaufstechniken vertraut machen.

Messeverkauf unterscheidet sich vom täglichen Verkaufen!

Es geht also darum, der Messemannschaft diese Sachverhalte bewusst zu machen. Das Agieren in einer völlig „anderen" Situation bedingt eine Umstellung der Vorgehensweisen und Gewohnheiten und muss deshalb trainiert werden. Im Messetraining wird die Messemannschaft mit der Verkaufstechnik am Messestand und mit der Messesituation vertraut gemacht.

Das Trainingsprogramm sollte folgende Messesituationen behandeln:

- Empfang, Begrüßung und Ansprache von Besuchern
- Gesprächseröffnungen, die zu Verkaufsgesprächen führen
- Verhalten am Messestand

- Feststellen von Identität, Position und Wünschen des Besuchers
- Besucher weiterverweisen
- Notieren der wichtigen Informationen, die man vom Besucher erhält
- Verbleiben mit Interessenten/Kunden
- Verhalten bei einer „speziellen“ Besucherkategorie
- Verhalten bei Reklamationen von Kunden

Kein Alkohol für die Messemannschaft während der Messe! Wer trinkt, kann nicht verkaufen!

Darüber hinaus wird ein Aktionsplan mit dem weiteren Vorgehen bis zur Messe – und auch für die Zeit nach der Messe – vorgestellt, um die zügige Bearbeitung der Kontakte nach der Messe sicherzustellen.

Messebesprechungen

Täglich wird eine Messebesprechung mit der Messemannschaft durchgeführt, bei der beispielsweise Anzahl der Aufträge und Kontakte sowie Informationen, Ergebnisse und Argumente, die aus Verkaufsgesprächen gewonnen wurden, bekannt gegeben werden. Bei dieser Gelegenheit können eventuelle Belobigungen für gute Leistungen erfolgen.

Dies ist gleichfalls eine günstige Gelegenheit, Erfahrungen des Tages zusammenzufassen und die Planung für den nächsten Tag bekannt zu geben. Eine Namensliste der am nächsten Tag zu erwartenden wichtigen Besucher, die einen Termin vereinbart haben, wird besprochen und sichtbar für die Messemannschaft aufgehängt. Bei Ständen mit Informationsschalter werden entsprechend die Damen und Herren informiert.

Tipp!

Wer den Stand verlässt und einen Besucher erwartet, muss einen Vertreter für diesen Zeitraum benennen und die Zeit der Abwesenheit angeben. Besser ist es, erreichbar zu bleiben.

Was ist ein Messeziel?

Man hört auf diese Frage in 90 Prozent aller Fälle folgende Antworten: Image fördern und pflegen, Kundenkontakte pflegen und vertiefen, Wettbewerb kennen lernen, neue Produkte zeigen und vorführen, Besucher informieren.

Dies sind jedoch keine Messeziele! Was sind also Messeziele? Messeziele müssen, wie andere Ziele auch, messbar sein!

Messeziele sind:

- eine bestimmte Anzahl von Interessentenadressen, die nach der Messe bearbeitet werden
- eine bestimmte Anzahl von Besuchern, die sich für ein neues Produkt interessieren
- eine bestimmte Anzahl von Projekten, die nach der Messe bearbeitet werden
- eine bestimmte Anzahl von Aufträgen auf der Messe
- eine bestimmte Anzahl von neuen Kontakten einer bestimmten Zielgruppe

Jeder Messestand ist von der Größe, der Ausstattung, den Kosten und dem Messepersonal auf eine bestimmte Anzahl von Messebesuchern geplant.

Beispiel: Bei 16 Kontakten pro Tag (acht Stunden) heißt das: Für jeden Besucher ist im Durchschnitt eine halbe Stunde Zeit für ein Gespräch, Pausen sind bei dieser Berechnung berücksichtigt. Meistens hat man aber weniger Zeit für ein Gespräch, da sich auch Wartezeiten ergeben. Deshalb ist die Planung des Personals auf der Messe besonders wichtig.

Kostenbetrachtung

In der Investitionsgüterindustrie rechnet man bei technologisch hochwertigen, erklärungsbedürftigen Gütern mit etwa 150 bis 200 Euro (eher mehr) pro Besuch beim Kunden. Wie hoch sind die Kosten für einen Besucher auf Ihrem Messestand? Setzen Sie Ihre Kosten und Planzahlen ein, und errechnen Sie die Kosten pro Besucher:

Beispiel:		***Ihre Kosten:***
Messestandkosten	€ 31 500,–	....
€ 250,– pro Tag × 10 Mitarbeiter × 6 Tage	€ 15 000,–	....
Allg. Kosten: Strom, Prospekte, Spesen, Getränke	€ 3 500,–	....
Messetraining	€ 2 500,–	....
Spesen für 10 Mitarbeiter	€ 5 000,–	....
Diverse Vorbereitungen	€ 7 500,–	....
Einladungsbriefe 5 000 Stück × € 1,–	€ 5 000,–	....
Gesamtkosten	€ 70 000,–	....

Bei 1 000 qualifizierten Kontakten auf der Messe (auf 70m^2) sind für jeden Besucher in diesem Beispiel zirka 70 Euro investiert worden.

Das ist eine wichtige Planzahl, die dem Unternehmen sagt, wie viel Kosten pro Besucher aufgewendet werden. Am wichtigsten jedoch sind die Aufträge, Bestellungen, Umsätze, die aus der Messebeteiligung generiert werden. Vom guten Image allein kann kein Unternehmen leben.

Messeeinladungen

Die Messegesellschaften veranstalten Messen, führen die Werbung dafür durch und organisieren die Messe. Jeder Aussteller muss jedoch selbst Aktivitäten ergreifen, um Besucher auf seinen Stand – ich nenne ihn auch Bühne – zu bekommen.

Durch die Gestaltung einer wirksamen Messeeinladung können die Zielgruppen zum Besuch motiviert werden. Kleine Geschenke, die der Einladung beigelegt werden, oder der Hinweis, dass der Messebesuch durch ein kleines Präsent „honoriert" wird, können den Aufmerksamkeitswert einer Messeeinladung wirkungsvoll erhöhen.

Die Einladung stellt die ersten Weichen für den Erfolg oder Misserfolg einer Messebeteiligung.

Ob ein Besucher zum Stand kommt, den Stand betritt oder am Stand verweilt, ist von vielen Faktoren abhängig, unter anderem von:

- Einladungen
- Terminvereinbarungen
- Motivationsgaben mit Ankündigung
- Standgestaltung
- Displays
- audiovisuellen Medien
- Vorträgen
- Veranstaltungen am Messestand

Aussteller, die zumindest einige dieser Punkte berücksichtigen, werden genügend Besucher haben, um am Ende einer Messe von einer erfolgreichen Messebeteiligung sprechen zu können.

Pressearbeit auf der Messe

Pressearbeit beginnt vor der Messe durch Ankündigung der Messeteilnahme und Hinweise in Anzeigen, wo der Stand auf der Messe zu finden ist (siehe auch Kapitel „Pressearbeit").

Auf den meisten Messen sind Pressefächer zu mieten, in denen die Pressemappen hinterlegt werden können. In den Pressemappen sollten Produktbeschreibungen liegen sowie zusätzlich CDs mit Fotos der Produkte. Beachten Sie, dass die Pressemitteilungen für die Leser interessante Informationen und Neuigkeiten enthalten. Umfragen bei Journalisten haben ergeben, dass die Pressemitteilungen teilweise unbrauchbar sind, da es sich bei diesen um reine Werbung handelt. Deswegen sollten die Texte der Pressemitteilungen von Fachleuten verfasst werden.

Das Pressefach muss täglich, am besten morgens, überprüft und gegebenenfalls aufgefüllt werden.

Die Pressekonferenz hat die Aufgabe, die Vertreter der Presse über bestimmte Tatbestände, Entwicklungen, technische Neuheiten, Fakten, Ereignisse im Unternehmen und dergleichen in Kenntnis zu setzen, damit die Presse ihrerseits ihre Leser (Zielgruppe) informieren kann.

Es bestehen drei Möglichkeiten, eine Pressekonferenz durchzuführen:

- am eigenen Ausstellungsstand,
- in einem Konferenzraum auf dem Messegelände oder
- in einem größeren Hotel am Messeort.

Eine Pressekonferenz muss sorgfältig vorbereitet werden. Dabei sollte der Zeitpunkt der Pressekonferenz so gewählt werden, dass nicht parallel dazu eine andere abgehalten wird.

Messenachbearbeitung

Jede Messeaktivität lohnt sich nur, wenn nach der Messe alle gewonnenen Informationen und Kontakte in einem Aktionsplan ausgearbeitet werden, der vor der Messe festgelegt worden ist. Hierbei werden alle Interessenten- und Kundenkontakte bearbeitet und Analysen erstellt über

- Anzahl der neuen Interessentenkontakte,
- Analyse nach Gebiet und Produkt,
- Anzahl der neuen Projekte,
- Anzahl der Aufträge,
- Anzahl der Kunden, die auf den Messestand kamen,
- Gesamtbesucheranzahl,
- Informationen über die Konkurrenz.

Den Messebesuchern danken Sie schriftlich für ihren Besuch. Zudem ist zu kontrollieren, ob das Messeziel erreicht wurde. Die an der Messe beteiligten Mitarbeiter werden über das Messeergebnis informiert.

Die Durchführung einer gezielten und systematischen Erfolgskontrolle und die Organisation und Überprüfung der Ergebnisse lassen viele Hinweise auf Stärken und Schwachstellen zu, die mithilfe von bedarfs- und aufgabengerechten Weiterbildungs- und Entwicklungsmaßnahmen verbessert werden können.

Machen Sie sich bewusst: Die meisten Interessenten, die sich bei einer Messe für bestimmte Produkte oder Dienstleistungen erwärmen, treffen eine Entscheidung zum Kauf bereits innerhalb von einer bis sechs Wochen nach der Messe!

Die Messenacharbeit muss organisiert und kontrolliert werden. Die Ergebnisse der Nacharbeit zeigen den Erfolg oder Misserfolg der Messebeteiligung auf – ein wichtiger Indikator für die Planung des Unternehmens und die Gestaltung weiterer Messen!

1988 habe ich für ein neu gegründetes Unternehmen die ersten Aktivitäten mit gestaltet. Diese Firma hatte die Vertretung eines damals noch großen Markenherstellers. Auf Anfrage bei diesem Hersteller, ob Kundenanfragen vorliegen, erhielten wir 300 unbearbeitete Messekontakte der Hannover Messe (CeBit). Diese Messe wird im März veranstaltet, unsere Anfrage wurde im September gestellt. Sechs Monate nach der Messe gab es also noch immer unbearbeitete Messekontakte!

Diese Markenfirma hat in der Zwischenzeit die Fabriken für dieses viel versprechende Produkt in den USA und in Europa geschlossen und die Aktivität in einem höchst interessanten Markt eingestellt. Wen wundert es? Andere Firmen haben auf diesem Markt noch immer große Erfolge und hohe Zuwachsraten.

Checkliste

Messe

1. Vor der Messe

Planung des Standes

- ❐ Messetrainer bestellt?
- ❐ Installationen wie Wasser, Strom, Lampen etc. bestellt?
- ❐ Zwei Tage vor Messebeginn Begehung mit Checkliste geplant?
- ❐ Ausstellungsstücke bereit?
- ❐ Bilder, Prospekte, Schriftzüge vorhanden?
- ❐ Wurde die Produktpräsentation geplant?
- ❐ Kaffeemaschine, Geschirr, Säfte, Erfrischungen vorhanden?
- ❐ Bewachung nachts bestellt?
- ❐ Parkplätze für Standmannschaft vorhanden?
- ❐ Motivationsabend geplant?
- ❐ Reinigung bestellt?
- ❐ Messegeschenke vorhanden?
- ❐ Pressemitteilung?
- ❐ Pressekonferenz organisiert?

Kundendienst

- ❐ Kunden möglichst frühzeitig über die Ausstellung informieren, mit Ausstellungsterminen und Hallenplänen

Zustellen von:

- ❐ Ankündigungen von neuen Produkten
- ❐ Gratiseintrittskarten und Standtelefonnummer
- ❐ Mit wichtigen Kunden Besuchstermine und eventuell Verabredungen für den Abend vereinbaren

Fortsetzung Checkliste – Messe

Personalplanung

- ❐ Messetraining durchgeführt?
- ❐ Belegungsplan erstellen, wer, wann, bis wann?
- ❐ Ist genügend Standpersonal vorhanden, um eine regelmäßige Ablösung zu gewährleisten?
- ❐ Ist jeweils mindestens eine Person dort, die eine oder mehrere Fremdsprachen spricht?
- ❐ Sind genügend Pausen für das Standpersonal vorgesehen, damit die Leute frisch, aufmerksam und freundlich bleiben?
- ❐ Wird die Besatzung des Standes untereinander harmonieren?
- ❐ Wer sorgt für Ordnung am Stand? (Aschenbecher, Prospektlager, Papierkörbe, Reinigung usw.)
- ❐ Ist das Verhalten gegenüber der Konkurrenz mit dem Personal abgestimmt?
- ❐ Sind die Verkäufer informiert, mit welchen Formulierungen sie auf Fragen oder Einwände von Interessenten zu antworten haben?
- ❐ Kennen die Verkäufer sämtliche ausgestellten Produkte genau?
- ❐ Welches sind die Schwerpunkte in den Verkaufsgesprächen?
- ❐ Ist während der Ausstellung genügend Zeit für den internen Erfahrungsaustausch eingeplant (zum Beispiel am Abend)?
- ❐ Erhalten alle Mitarbeiter schriftliche Hinweise, wie sie sich vorteilhaft vom Verhalten der Konkurrenzverkäufer abheben können?
- ❐ Hat jeder Mitarbeiter ein Namensschild, auf dem auch die Firma für den Besucher gut lesbar ist?
- ❐ Sind genügend Visitenkarten vorhanden?
- ❐ Sind genügend Prospekte, Preislisten, Kataloge verfügbar?
- ❐ Wer ist wofür verantwortlich?

Fortsetzung Checkliste – Messe
Personal-Instruktion
❐ Ist festgelegt, was beim einzelnen Interessenten als Beratungsziel erreicht werden soll und wie in der Weiterbearbeitung vorgegangen wird?
❐ Sind die Messeberichte zur Fixierung der einzelnen Kundengespräche vorbereitet?
Wird das Standpersonal rechtzeitig informiert über:
❐ die ausgestellten Produkte
❐ deren Vorteile und Nutzen
❐ Preise
❐ Konditionen
❐ Lieferzeiten
❐ Service
❐ Referenzen
❐ zu erwartende spezielle Kunden
❐ Verfügen die Verkäufer über geschickte Eröffnungsfragen, um sinnvolle Gespräche beginnen zu können?
❐ Können die Verkäufer die Geräte bedienen?

Fortsetzung Checkliste – Messe

2. Während der Messe

Dokumentation

- ❐ Werden Standbesucher sofort bearbeitet oder müssen sie lange warten?
- ❐ Gibt das Personal keine widersprüchlichen Auskünfte?
- ❐ Werden alle Kunden gleich zuvorkommend behandelt?
- ❐ Werden die Besucher aufgrund ihres Aussehens oder aufgrund eines sorgfältigen Gesprächs eingeschätzt?
- ❐ Verhalten sich die Verkäufer selbstzufrieden oder arrogant? (Für manche Interessenten der Grund, nie mehr mit einer Firma zusammenzuarbeiten!)
- ❐ Finden am Stand Familienfeste statt? (Die der Kunde natürlich ungern stört!)
- ❐ Versuchen die Verkäufer, von den Interessenten möglichst gute Informationen zu erhalten?
- ❐ Werden die Besprechungsergebnisse sofort auf dem Messebericht festgehalten?
- ❐ Werden wichtige Anfragen sofort an die Firma weitergeleitet?
- ❐ Ist am Stand bekannt, wo sich der einzelne Mitarbeiter befindet?
- ❐ Ist die Kleidung des Standpersonals ordentlich?
- ❐ Rauchen die Verkäufer und versuchen dann krampfhaft zu, die Zigarette loszuwerden, wenn ein Kunde den Stand betritt?
- ❐ Sind die Verkäufer nüchtern?

Fortsetzung Checkliste – Messe
Kundendienst
❒ Kunden mit Namen ansprechen (aber nicht übertreiben!)
❒ Haben Kunden die Möglichkeit, sich auszuruhen und sich zu erfrischen?
❒ Gibt es eine Garderobe (Kleider, Gepäck) auch für Kunden?
❒ Prospektmaterial nachsenden, nicht zu viel Papier mitgeben
Konkurrenzbeobachtung
❒ Eigene Leute über Konkurrenzprodukte informieren
❒ Besucherandrang und Schwerpunkte am Konkurrenzstand beobachten
❒ Richtlinien abgeben für die Behandlung von Konkurrenten, die am Stand erscheinen
❒ Einige Leute bestimmen, die Konkurrenzstände besuchen
3. Nach der Messe
Dokumentation
❒ Schriftlich für den Besuch danken
❒ Angebote, Anfragen, Wünsche sofort erledigen
❒ Bei Kunden anfragen, wann ein persönlicher Besuch erfolgen kann
❒ In späteren Angeboten auf die Ausstellung Bezug nehmen

Fortsetzung Checkliste – Messe
Kundendienst
❐ Wie viele potenzielle Besucher kamen auf den Stand?
❐ Welche neuen Kontakte wurden angebahnt?
❐ Wie viele zufriedene Kunden waren am Stand?
❐ Wie viele Chefs oder Führungskräfte kamen persönlich?
❐ Wie viele Angebote wurden gewünscht?
❐ Welches waren die meist gestellten Fragen?
❐ Welche neuen Ideen und Anregungen haben wir erhalten?
❐ Welche Fehler sollten in Zukunft vermieden werden?
(Auswertung jeden Abend aufgrund der Messeberichte)

Zusammenfassung

1. Wie bei jeder Planung werden die Messeziele als erstes festgesetzt.
2. Danach werden Standgröße und Mannschaft bestimmt.
3. Das Messetraining ist die kleinste Investition für den Erfolg der Messe, aber die wichtigste!

13. Pressearbeit

Unabhängig davon, ob Ihr Unternehmen eine Presseabteilung hat, sollten Sie als Verkaufsleiter auf alle Fälle mit an den Aktionen beteiligt sein. Sie sind es am Ende schließlich, der den Umsatz mit seinem Team erreichen muss.

Gehen Sie davon aus, dass Journalisten wesentlich mehr Pressenotizen zugesendet bekommen, als sie verwenden können, und mehr Einladungen zu Pressekonferenzen erhalten, als sie jemals besuchen können. Somit ist die sorgfältige Auswahl der Aktionen vordringlich. Eine Presseinformation soll die Leser des Mediums interessieren und nicht wie kostenlose Werbung wirken. Die Presse ist an neuen Produkten interessiert und nicht an alten Hüten.

Pflegen Sie im Interesse Ihres persönlichen Marketing und dem Ihres Unternehmens einen besonders guten Kontakt zur Presse. Professionell betrieben, ist es die kostengünstigste Form der Werbung. Nicht nur für neue Produkte, sondern auch für allgemeine Beiträge zu speziellen Themen der jeweiligen Branche, für Trends, Umsatzprognosen, Visionen, Firmenerfolge. Es gibt zahllose gute Gründe, die Presse zu informieren. Pressearbeit darf nicht aus Zufallsaktionen bestehen, sondern muss für das gesamte Geschäftsjahr geplant werden. Es lohnt sich, die Verantwortung für diese Arbeit einem Mitarbeiter mit entsprechenden Kenntnissen zu übertragen. Wenn man davon ausgeht, dass eine Seite Werbung zwischen 10 000 und 25 000 Euro kostet, macht sich diese Position schnell bezahlt.

13 Tipps für die erfolgreiche Pressearbeit

Tipp Nr. 1 Pressearbeit bedeutet: Eine Gruppe von Menschen einer bestimmten Interessenslage (als Einheit zu betrachten, zum Beispiel Firma) informiert über ein Medium (oder viele Medien) Menschen, eine Gruppe von Menschen oder viele Gruppen von Menschen.

Tipp Nr. 2 Derjenige, der mit der Pressearbeit betraut ist, muss informiert sein, das heißt, er muss organisatorisch in der Nähe des wichtigsten Informationsträgers (meist die Geschäftsleitung) aufgehängt sein, dessen Vertrauen genießen und offene Türen zur Basis einer Firma haben. Merke: Jeder Mitarbeiter ist ein Freund und Informationsträger.

Tipp Nr. 3 Pressearbeit heißt: Über Medien die Öffentlichkeit (Menschen, Interessengruppen, Markt) zu einer Reaktion zu motivieren (Reaktion = Verständnis, Kauf etc.).

Tipp Nr. 4 Die Mittel zur Information der Medien sind: schriftliche oder mündliche Verlautbarungen. Alle Verlautbarungen sollten je nach Gegenstand oder Sachverhalt Antwort auf die folgenden Fragestellungen geben: Wer? Wie? Was? Wann? Wo? Warum? Wozu? Schriftliche Verlautbarungen sollten das Datum, den genauen Absender und die zuständige Person ausweisen.

Tipp Nr. 5 Nachrichten über Personen, wirtschaftliche Ereignisse, Firmenereignisse etc. sollten neu und aktuell sein, Nachrichten über neue Produkte werden gerne gesehen, aber auch Anwendungsnachrichten über bewährte Produkte auf dem Markt sind immer willkommen.

Tipp Nr. 6 Die Pressekonferenz ist nicht das A und O der Pressearbeit. Die Einberufung einer Pressekonferenz setzt jahrelang vorhergehende, kontinuierliche, mündliche und schriftliche Pressearbeit voraus.

Tipp Nr. 7 Pressearbeit heißt zu wissen, wer, wann, wozu und wie motiviert werden soll, eine bestimmte Reaktion zu zeigen (wann = Zeitpunkt, wer = Zielgruppe, wozu = erwartete Reaktion, wie = über welche Medien).

Tipp Nr. 8 „Presse" ist nicht gleich „Presse": Um mit einer Botschaft die richtige Zielgruppe zu erreichen, muss das richtige Transportmittel selektiert werden (Presseverteiler). Ein Presseverteiler muss nicht aus 100 Adressen bestehen. Er kann bestehen aus

- einer Gruppe von Adressen, die man informieren muss,
- einer Gruppe von Adressen, die man informieren sollte, und
- einer Gruppe von Adressen, die man informieren kann.

Tipp Nr. 9 Pressearbeit heißt, guten und nach Möglichkeit persönlichen Kontakt zu den wichtigsten Medien aufzubauen und zu pflegen.

Tipp Nr. 10 Pressearbeit heißt, der Wahrheit entsprechende Informationen herauszugeben.

Tipp Nr. 11 Pressearbeit heißt, nicht nur subjektiv, also firmenbezogen, zu informieren, sondern auch neutral: Das schafft Vertrauen und fördert das Image.

Tipp Nr. 12 Pressearbeit ist je nach Betriebsstruktur und Zielsetzung ein Full-Time-Job. Ist das nicht der Fall, sollte zumindest an der Telefonzentrale bekannt sein, wer damit nebenbei betraut ist und kompetent Auskunft geben kann.

Tipp Nr. 13 Effiziente Pressearbeit fängt im eigenen Haus an, geht über die richtige Auswahl der Medien und reicht bis zur Auswahl der richtigen Zielgruppe. Wenn grundlegende Tipps beachtet, individuelle Gesichtspunkte ergänzt und mit etwas Leben gewürzt werden, ist das der Anfang des Erfolgs.

Checkliste

Gestaltung einer Pressemitteilung

- ❒ Rechtfertigt der Anlass eine schriftliche Mitteilung?
- ❒ Genügen die Möglichkeiten einer Pressemitteilung, den Anlass ausreichend darzustellen?
- ❒ Ist eine nähere Erläuterung durch ein Bild erforderlich, zweckmäßig oder sinnvoll?
- ❒ Ist der Termin in Bezug auf den Anlass richtig gewählt?

Darstellung

- ❒ Ist die Darstellung allgemein verständlich?
- ❒ Ist eine Hintergrundinformation erforderlich?
- ❒ Entspricht die Länge der Darstellung dem Anlass?
- ❒ Entspricht die Überschrift dem Inhalt der Meldung?
- ❒ Sind unvermeidliche Fachausdrücke ausreichend erläutert oder umschrieben?
- ❒ Werden lobende Adjektive und Alleinstellungen vermieden?
- ❒ Ist die Schreibweise von Namen und Fachausdrücken einheitlich?
- ❒ Sind ungebräuchliche Abkürzungen ausreichend erläutert?
- ❒ Entspricht die Schreibweise von Begriffen, Abkürzungen und Maßeinheiten den Normen?

Fortsetzung Checkliste – Gestaltung einer Pressemitteilung

Rechtliche Fragen

- ❒ Werden Persönlichkeitsrechte berührt?
- ❒ Werden mitbestimmungspflichtige Sachverhalte mitgeteilt?
- ❒ Ist die Einwilligung von Kooperationspartnern, Auftraggebern, Lizenzgebern erforderlich?
- ❒ Sind patentrechtliche Fragen geklärt?

Äußere Form

- ❒ Ist der Absender deutlich erkennbar?
- ❒ Entsprechen die Angaben (Firma, Anschrift, Telefonnummer, Geschäftsführung) dem letzten Stand?
- ❒ Sind Seitenvermerke geschrieben?
- ❒ Sind beigefügte Anlagen erwähnt?
- ❒ Ist das Datum eingetragen?
- ❒ Ist ein ausreichender Rand berücksichtigt?
- ❒ Ist der Text 1 ½- bis 2-zeilig geschrieben?
- ❒ Sind Sperrungen und Unterstreichungen vermieden?
- ❒ Sind die Abzüge lesbar?
- ❒ Sind erwähnte Anlagen beigefügt?

Termine und Fristen

- ❒ Ist eine Sperrfrist erforderlich?
- ❒ Ist die vorgeschriebene Sperrfrist sinnvoll?
- ❒ Sind Postlauf- und Produktionszeiten (eventuell Redaktionsschlusszeiten) berücksichtigt?
- ❒ Ist ein bestimmter Versandtermin unbedingt notwendig (Wochenende!)?

Fortsetzung Checkliste – Gestaltung einer Pressemitteilung

- ❒ Entspricht der Verteiler dem Inhalt der Meldung?
- ❒ Entspricht die Art und Weise der Darstellung dem vorgesehenen Verteiler?
- ❒ Ist die Verteilergruppe vollständig berücksichtigt?
- ❒ Ist die zuständige Redaktion auf der Anschrift angegeben?
- ❒ Entsprechen die Verteileranschriften dem neuesten Stand (besonders bei namentlicher Adressierung!)?
- ❒ Entspricht die Versandart dem Anlass (Format des Umschlags, Eilzustellung, Fernschreiben, Drucksache)?
- ❒ Ist ein Begleitbrief erforderlich?

Zusammenfassung

1. Betrachten Sie die Pressearbeit nicht als Nebensache; vielmehr sollten Sie an den Aktionen beteiligt sein.
2. Idealerweise pflegen Sie selbst einen guten Kontakt zur Presse.
3. Professionelle Pressearbeit ist die kostengünstigste Art der Werbung.
4. Pressearbeit muss wie die anderen Aktionen und Maßnahmen im Vertrieb geplant werden.

Checkliste

Aufgaben und Tätigkeiten in den ersten Wochen

Der erste Arbeitstag

- ❐ Kurze Rede vorbereitet
- ❐ Termine fixiert
- ❐ Erster Tag geplant und besprochen
- ❐ Buch vorbereitet (siehe Seite 33)

Analyse des Arbeitsbereichs

- ❐ Termine mit Kollegen und Mitarbeitern fixieren
- ❐ Aktennotizen über wichtige Erkenntnisse für spätere Entscheidungen erstellen
- ❐ Zusammenarbeit mit der Sekretärin festlegen

Zahlen analysieren

- ❐ Gesamtumsatz
- ❐ Umsatz pro Verkäufer
- ❐ Analyse des Zeiteinsatzes der Vertriebsmitarbeiter
- ❐ Entwicklung der Zahlen
- ❐ Ist/Soll-Vergleich der Aufträge
- ❐ Ist/Soll der Kosten der Abteilung
- ❐ Qualitätssicherung im Angebotswesen sicherstellen
- ❐ Vor- und Nachkalkulation prüfen

Fortsetzung Checkliste – Aufgaben und Tätigkeiten in den ersten Wochen

Budget/Businessplan

- ❐ Analyse des bestehenden Budgets
- ❐ Kommentare zu bestehenden Abweichungen schriftlich festhalten
- ❐ Budget mit Vorgesetzten besprechen, eventuell neues Budget erstellen

Forecast

- ❐ Forecastsystem überprüfen oder einführen
- ❐ Abweichungen feststellen und schriftlich festhalten

Marketingplan

- ❐ Marketingplan analysieren
- ❐ Geplante Aktionen prüfen
- ❐ Mit Vertriebsmitarbeitern die weiteren Aktionen abstimmen

Persönliche Planung

- ❐ Zeitbilanz erstellen
- ❐ Kundenbesuche einplanen

Berichtswesen

- ❐ Berichtswesen einrichten, soweit nicht vorhanden
- ❐ Nach Abschluss der Analyse des Bereichs schriftlicher Bericht an die Geschäftsleitung

Fortsetzung Checkliste – Aufgaben und Tätigkeiten in den ersten Wochen
Trainingsbedarf feststellen
❒ Trainingsplan aufstellen
❒ Trainer gezielt suchen
❒ Probetraining vereinbaren

Murphys neue Gesetze

Als Abschluss eine Sammlung von Sprüchen, die ich bei manchem Seminar nutze und die Sie bei unterschiedlichen Gelegenheiten im Geschäftsleben einsetzen können.

Ganz gleich, wie viel man tut, es ist nie genug.

Alles, was man gerade nicht macht, ist viel wichtiger als das, was man gerade tut.

Lasse deine Vorgesetzten nie wissen, dass du besser bist als sie.

Wenn alles andere versagt hat, versuchen Sie es mal mit dem Vorschlag des Chefs.

Egal, was schief geht, immer ist da jemand, der das schon im Voraus wusste.

Mitleid bekommt man geschenkt, Neid muss man sich erarbeiten.

Der Optimist hat nicht weniger oft Unrecht als der Pessimist, aber er lebt froher.

Wenn es dir gut geht, mache dir keine Sorgen: Das geht vorbei.

Der Mann, der lächelt, wenn etwas schief geht, hat an jemanden gedacht, den er verantwortlich machen kann.

Wenn sich Leute selbst zuhören müssten, würden sie viel weniger reden.

Weisheit besteht darin, zur richtigen Zeit auf Vollkommenheit zu verzichten.

Natürlich scheint die Sonne über Gerechte und Ungerechte. Nur die Gerechten erachten es als Geschenk, und die Ungerechten halten das für selbstverständlich.

Der Kunde, der am wenigsten bezahlt, meckert am meisten.

Ob Sie einen Haarschnitt brauchen, dürfen Sie nicht den Friseur fragen.

Fragen Sie nie einen Kaufmann, ob sein Preis gut ist.

Wer sein Leben so einrichtet, dass er niemals auf die Schnauze fallen kann, der darf nur auf dem Bauch kriechen.

Lerne zuzuhören, günstige Gelegenheiten klopfen manchmal nur sehr leise an Deine Tür!

Auch aus Steinen, die einem in den Weg gelegt werden, kann man ein schönes Muster legen!

Es geht nicht darum, dass Sie Ihre Kunden kennen. Es geht darum, dass Ihr Kunde Sie kennt.

Wenn Sie sich nicht vom Mitbewerber unterscheiden, sollten Sie besser einen niedrigeren Preis bieten.

Wir können unserem Kunden nur dann etwas erzählen, wenn wir Ihm auch zuhören.

Es kostet 10 mal mehr, einen neuen Kunden zu finden, als einen alten zu binden.

Menschen ändern sich nicht wirklich, sie passen sich der Situation nur solange an, bis der Alltag wieder Einzug hält.

Es gibt zwei Arten von Freunden: Die einen sind käuflich, die anderen sind unbezahlbar.

Der Kluge lässt sich belehren, der Unkluge weiß alles besser.

Sei vorsichtig damit, Freunden Geld zu leihen, Du könntest beides verlieren.

Kunden kaufen nur von Siegern. Leiden Sie mit Ihrem Kunden, aber jammern Sie nicht mit ihm. Im Jammertal werden keine Geschäfte gemacht.

Um Erfolg zu haben, braucht man manchmal nur auf dem Friedhof alter Ideen spazieren gehen und die Dinge bis zum Ende zu durchdenken!

Macht ist die Fähigkeit, nicht zuhören zu müssen, weil man das Sagen hat.

Literaturverzeichnis

Ackerschott, Harald, *Strategische Vertriebssteuerung,* Wiesbaden (3. Auflage) 2001

Ackerschott, Harald, *Karriere machen: Vertrieb,* Wiesbaden 2002

Albers, Sönke/Haßmann, Volker/Tomczak, Thorsten, *Digitale Fachbibliothek: Verkauf,* Düsseldorf

Biesel, Hartmut H., *Kundenmanagement im Multi-Channel-Vertrieb,* Wiesbaden 2002

Biesel, Hartmut, *Turnaround im Vertrieb,* Wiesbaden 2004

Biesel, Hartmut, *Vertriebsarbeit leicht gemacht,* Wiesbaden 2006

Biesel, Hartmut H., *Key Account Management erfolgreich planen und umsetzen,* Wiesbaden (2. Auflage) 2007

Detroy, Erich-Norbert/Schreiber, Peter, *Die 199 besten Checklisten und Kontrollpunkte für den Verkaufsleiter,* Landsberg 1997

Detroy, Erich-Norbert, *Das große Handbuch für den Verkaufsleiter,* Landsberg 1998

Fink, Klaus-J., *Bei Anruf Termin,* Wiesbaden (3. Auflage) 2005

Fink, Klaus-J., *Empfehlungsmarketing,* Wiesbaden (4. Auflage) 2008

Gottschling, Stefan, *Stark texten, mehr verkaufen,* Wiesbaden (3. Auflage) 2008

Herndl, Karl, *Führen im Vertrieb,* Wiesbaden (3. Auflage) 2010

Herndl, Karl, *Das 15-Minuten-Zielgespräch,* Wiesbaden(2. Auflage) 2010

Herndl, Karl, *Führen und verkaufen mit der Kraft der Ordnung,* Wiesbaden (2. Auflage) 2012

Kutzschenbach, Claus von, *Souverän führen,* Wiesbaden 1999

Lasko, Wolf W., *Stammkunden profitabel managen,* Wiesbaden (5. Auflage) 2012

Pepels, Werner, *Handbuch Vertrieb,* München 2002

Pufahl, Mario, *Vertriebsstrategien für den Mittelstand,* Wiesbaden 2006

Pufahl, Mario, *Vertriebscontrolling,* Wiesbaden (4. Auflage) 2012

Seiwert, Lothar J., *Mehr Zeit für das Wesentliche,* München 2002

Senner, Peter, *Acht Erfolgsdisziplinen für Verkaufsleiter,* Würzburg 2000

Sickel, Christian, *Mehr Umsatz mit Kaltakquise und Direktbesuch,* Wiesbaden (2. Auflage) 2011

Der Autor

Helmut S. Durinkowitz war jahrelang im Verkauf und in Führungspositionen in Vertrieb und Marketing in Deutschland, in den USA und in Russland tätig. Seit 1988 ist er selbständiger Unternehmensberater und Trainer. Den Schwerpunkt seiner Verkaufsseminare bildet Kommunikations- und Verkaufsverhalten.

Wenn Sie Kontakt mit dem Autor aufnehmen möchten, wenden Sie sich bitte an:

Helmut S. Durinkowitz

Keltenweg 5/1

A-7100 Neusiedl am See

Tel.: +43 - 2167 - 20 1 29

Mobil: +43 - 665 - 510 35 80

E-Mail: helmut.durinkowitz@idee-training.at

MIX
Papier aus verantwortungsvollen Quellen
Paper from responsible sources
FSC® C105338

FSC
www.fsc.org

Printed by Books on Demand, Germany